U0281725

巴黎时尚界的日本浪潮

The Japanese Revolution
in Paris Fashion

［日］川村由仁夜（Yuniya Kawamura）——著

施霁涵——译

重庆大学出版社

致谢

我特别想要感谢我的导师，哥伦比亚大学的普丽西拉·帕克赫斯·特弗格森（Priscilla Parkhurst Ferguson）教授；她从我的研究伊始便一直支持着我，还在我写作过程当中的不同阶段抽出宝贵的时间来阅读我的手稿，并给出了宝贵意见。我要感谢她的智慧、友情和耐心。我还要感谢哈里森·怀特（Harrison White）、瓦莱里·斯蒂尔（Valerie Steele）、玛丽·鲁吉（Mary Ruggie）、维拉·佐尔伯格（Vera Zolberg）和凯利·摩尔（Kelly Moore）对我的博士论文的审读，而那也正是我这本书的基础。

我还要感谢纽约州立大学时装技术学院（Fashion Institute of Technology, State University of New York）社会科学部的部长卡罗尔·普尔（Carol Poll），她阅读了本书的部分手稿，并且给出了非常重要的建议。无论是在个人生活还是职业生涯方面，她对我的支持都让我无以言表。此外，我还要感谢本部门里的其他同事，包括娅塞明·切利克

(Yasemin Celik)、冉埃伦·吉布林（Jean-Ellen Giblin）、凯文·麦克唐纳（Kevin MacDonald）、约瑟夫·马约尔卡（Joseph Maiorca）、梅格·米勒（Meg Miele）、罗伯塔·帕利（Roberta Paley）、厄内斯特·普尔（Ernest Poole）和斯宾塞·施恩（Spencer Schein），他们一直都对我的工作表示出了极大的兴趣，卢·赛拉（Lou Zaera）还帮我编辑了书中一些图片。与此同时，感谢我在纽约时装技术学院的那群学生，因为我的想法正是在与他们开展热烈而有趣的讨论中形成的。

我于 1998 年和 1999 年间在巴黎开展的调研也非常有建设性，为此我要感谢博任娜（Bozena）、戈兰·布利克斯（Goran Blix）、维罗妮卡·迪皮施（Veronika Dürpisch）、池田卓二（Takuji Ikeda）、安妮·玛丽（Anne-Marie）、马蒂厄·罗马尼亚尼（Mathieu Romagnani）和杰弗里·图尔诺夫斯基（Geoffrey Turnovsky），是他们让我在那里逗留的时光变得愉快而难忘。巴黎社会学艺术中心（Centre de Sociologie des Arts）的皮埃尔－米歇尔·门格（Pierre-Michel Menger）先生让我参加了他在社会科学高等研究学院（Ecole des Haute Etudes en Sciences Sociales）举办的研讨会，森敬（Kei Mori）也向我介绍了一些关于高级定制新的洞见，还带我参观了他母亲在巴黎的高级定制工坊。《国际先驱导报》（*International Herald Tribune*）的苏西·门克斯（Suzy Menkes）女士向我介绍了很多关于时尚新闻报道的知识，迪奥高定时装屋的卡特尔·乐·伯西斯（Katell Le Bourhis）女士也和我分享了一些关于时尚产业很有趣的视角，还带我参观了迪奥沙龙那道著名的楼梯。在我刚到巴黎的时候，宾夕法尼亚大学（University of Pennsylvania）的戴安娜·克兰（Diana Crane）教授也在我的研究初期向我提供了非常务实的建议。千叶大学（Chiba University）的阶川贤龙（Kenryu Hashikawa）教授经常和我交流关于这个项目的想法，同时也在知识方面给我了很多的建议和意见。对以上这些人，我致以衷心的感谢。

我也要对福尼图书馆（Bibliothèque Forney）、巴黎国家图书馆（Bibliothèque Nationale de Paris）、哥伦比亚大学（Columbia University）、法国时尚学院（Institut Français de la Mode）、纽约时装技术学院（Fashion Institute of Technology）和东京文化服装学院（Bunka School of Fashion）的图书馆工作人员向我提供的耐心且无私的帮助表示感谢。森英惠高级定制时装屋（Hanae Mori Haute Couture）的吹田泰子（Yasuko Suita）和深井桃子（Momoko Fukai），山本耀司工作室的卡拉·瓦赫特韦特尔（Kara Wachtveitl）和藤内真理（Mari Fujiuchi），还有 Comme des Garçons、三宅一生设计工作室，以及 FirstVIEW.com 的员工都非常慷慨地向我提供了本书中所使用的照片。此外，我要感谢帮我搜集了一部分照片的日笠三木（Miki Higasa）先生。

我还要感谢伯格出版社（Berg Publishers）的总编辑凯瑟琳·厄尔（Kathryn Earle）女士以及她手下的所有员工；《服装、身体和文化》（*Dress，Body and Culture*）系列书籍的责任编辑乔安娜·艾彻（Joanne Eicher）女士仔细阅读了我的原稿，而我也从她含金量很高的点评和积极反馈当中获益良多。另外，布鲁克林艺术博物馆（Brooklyn Museum of Art）的帕特里夏·米尔斯（Patricia Mears）女士也阅读了我书稿的部分章节，并且将本书的第五和第七章中的部分内容用作由她和卢浮宫博物馆的帕梅拉·戈布林（Pamela Golbin）女士一起策划的《二十一天》

（*XXIème Ciel*）展览的编目说明，这可以说是我的荣幸。

另外，我还要衷心感谢所有那些在东京、在巴黎，以及在纽约愿意和我一起坐下来，谈谈他们的职业经历和个人感受的时装设计师和时尚从业人士。没有他们的帮助，这本书绝对不可能完成。

因为知道我对时尚的浓厚兴趣，《日本经济新闻》（*Nihon Keizai Shimbun*）驻纽约办公室的苍田进（Susumu Kurata）、冈井规道（Norimichi Okai）、喜多恒雄（Tsuneo Kita）、金子弘道（Hiromichi Kaneko）、圆本裕二（Yuji Sonomoto）和齐田寿雄（Hisao Saida）给了我一个为他们担任时装记者的机会，而这最终引领我完成了自己的研究生学业，并写下了这篇关于时尚和社会学的博士论文。在很多年里，他们一直都鼓励我出版一本关于时尚的学术著作，而今天我终于做到了。

另外，我也要感谢菊池安艺（Aki Kikuchi），他在我最需要的时候给予了我很多的精神支持。

最后，我要将这本书献给我的家人：我的父亲川村伊予（Yoya Kawamura），是他在我年少的时候带我去看这个世界，让我对生活有了国际化的视野，并给我提供了最好的教育，不论我们身在何处；我的母亲川村阳子（Yoko Kawamura），她是一个日本传统服饰的收藏家，并且是我认识的人里最时髦的，也是她在我年幼的心中激发出了对时尚的兴趣；还有我的姐姐川村摩耶（Maya Kawamura），她一直在背后默默地支持着我，耐心地聆听我对这本书的构想。没有他们就没有今天的我。

川村由仁夜
2003 年 9 月于纽约

序 服装与时尚

虽然经常被混用在一起，但是"服装"和"时尚"是两个完全不同的概念，因为它们在社会学上具有截然不同的影响和效应。虽然各种具体的潮流常常是时尚分析人士关注的焦点[1]，但是具体时尚风潮的表征并不能够体现时尚的本质（Lang and Lang，1961: 465），因为时尚和服装之间的关系其实并不大：服装是一种物质性产品，时尚则是一种符号产品；服装是实实在在的，时尚却是无可触摸的；服装是一种生活必需品，时尚则是一种额外的富余物；服装具有实用的功能，时尚却具备体现身份的功能。服装在任何人们会穿衣服的社会和文化形态当中都能找到，而时尚却必须经过系统性的建构和文化的传播才能形成。一个时尚体系的运作过程就是将服装转变为具有象征意义的时尚，并通过服装来展现的过程。时尚不是在真空里产生的，而是存在于具体的文化和机构语境当中。

劳斯（Rouse，1989）曾经指出，一种特定风格的服装想要成为时尚，就必须被某一部分人所穿着，然后它才能被认为是一种时尚潮流。举例来说，任何服装制造商都能生产白色的 T 恤，也有很多人会穿白色的 T 恤，但是白色 T 恤并不是一种时尚。要成为"最新的潮流"，它就必须得到人们的承认，那么它要如何才能做到这一点呢？从一个系统性的角度来对时尚进行考察就能说明一种服装是怎么变得"时髦"起来的。我的研究就试图将时尚产生过程中的结构流程和由设计师们设计，再由时尚体系当中的不同机构认可并合法化的各种风格的服装联系在一起。

因此，这本书将时尚视作一个由机构、组织、团体、个人、事件和行为构成的体系；也就是说，所有这些外在因素合在一起构成了作为信仰的时尚。我的观点是，这个体系的结构性本质影响着设计师的创造力受到承认和认可的过程，进而又影响外来设计师们[2]对这个体系的融入或离开。我的研究是以身居巴黎的日本设计师，也就是我所谓的法国时尚体系当中的非西方"外来设计师"为对象而进行的一项实证案例研究，同时我也对和时尚相关的社会机构进行了一次宏观社会学分析，并对这些设计师进行了一次交互作用分析。我还对大型的时尚组织进行了考察，同时也对它们对相关人士意味着什么予以了关注。此外，时尚体系与该体系中的个人之间互相依存的社会关系也将被予以考察。事实上，这些日本设计师进入法国时尚体系的过程就演示了这个体系的运行方式和统治地位，以及更广义上的作为体系的时尚的运行方式。

一直以来，巴黎都被默认为是全世界的时尚之都，时尚设计师们——不论他们是不是法国人——也一直都在巴黎寻求发展，但是很少有人从社会学的角度考察过巴黎为什么、如何，以及是通过什么社会和文化进程成为时尚之都，并且维持至今的。这是因为法国设计师在设计服装方面与生俱来地更有天分吗？我们应该如何定义设计师的创造力？设计师们又是如何成名的？时尚文化在巴黎是如何传承至今的？这种对法国时尚的信仰是为何以及如何被建构起来，并且维持了数个世纪的？各个社会机构和独立个人又是如何让时尚发生的？为了探讨时尚的社会产生过程，也就是在我看来和"服装"截然分开的"时尚"这个概念，我们必须对时尚文化和巴黎时装设计师产生过程当中的机构和人际因素之间的联系进行考察。

我将"时尚"放入文化生成视角的社会形态学以及文化艺术的社会形态学这两个框架当中来进行考察，因为后两者是我研究问题的基础。文化视角的产生始于"文化客体的生成涉及社会协作、集体活动以及社会团体"这一假设，且它强调的是在制造具有象征意义的文化元素的过程当中所用到的社会安排，而这些社会安排又会对由此产生的文化元素的性质和内容产生影响（Peterson，1994：163）。

从文化生成这个视角来切入的研究实际上包含了一系列范围很广的研究领域，譬如艺术界、出版社和流行文化等 [3]。正是因为时尚可以被当作一个人为制造出来的文化客体来对待，我们才可以从这些研究符号生成的文化制度当中学到很多。文化客体可以从消费或／和生产的角度来进行研究，所以同样的，时尚既可以是一件关乎个人消费和个人身份的事情，也可以是一件关乎共同生产和传播的事情。和关注文化生成层面的社会学学者一样，我也将在本书中讨论时尚文化的生成，而后者是由一个时尚体系来支撑的，所有参与其中的个人、机构和组织都从属于这个体系。与此同时，时尚的消费层面也并非无关紧要，只是为了缩小我的实证研究的范围，同时也为了先把时尚的生成解释清楚，我才选择了将关注的重点聚焦于时尚的生成。

作为一个具有象征意义的文化客体和由社会组织制造出的产物，时尚是很有研究价值的。不过鉴于时尚既看不见也摸不着，因此它使用了"服装"作为其外在的表现符号。符号的产生强调的是这些机构的动态活动，而文化机构也支持了新的符号的产生。在对流行文化的剧烈演变进行厘清和考察的时候，这种方法非常有用，因为在流行文化当中，对新鲜事物进行解释比对沉疴故知的考察更有意义（Peterson，1976）。相比之下，如果论及由新鲜事物所决定的概念，那简直没有比时尚更贴切的了。因此，在这样的理论框架之下，我将在本书中对定制服装和成衣进行一次系统性的比较，对市场结构在较长一段时间里的变化进行考察，对该体系之下的评价功能和时尚的扩散机制进行审视，并对该体系向服装设计师提供的回馈进行解释。

除此之外，鉴于我对时尚的分析是围绕着一个体制化系统的概念而展开的，因此我在文化生成的实证研究里吸收了大量的怀特夫妇对19世纪法国印象派画家的研究成果（White and White，1965/1993），那就是：因为传统意识形态和风格戒律僵化的缘故，那些印象派画家的作品本来是不能为当时的皇家学术系统所接受的。但是因为当时的皇家绘画学院也没有能力去应对越来越多被视作边缘创作者的画家，所以到了后来，欧洲出现了一个艺术作品潜在买家的新市场。也就是说，是当时的画商和艺术评论家将一些新的画家和他们的作品介绍给了大众，并对他们给予了合法化和认可。随着艺术品学院体系的衰落，掮客—评论家系统应运而生。而正是通过"制度体系"这样抽象的概念，我们才能从一团乱麻般的具体事件当中厘清它们的结构性关联（White and White，1965/1993: 159）。毕竟，任何体系都是由它下面的从属机构或子体系组成的。通过将时尚视作一个体系，我们才得以将其内在的框架视作一个整体，于是也能从中看到该体系内部的各个组织机构以及它们各自发挥的作用。

至于时尚到底能不能被算作艺术，这个问题已经有过很多的讨论，但它的确非常符合社会学家对艺术的假设。和艺术一样，时尚是具有社会性的，它具有社会基础并且存在于社会大环境当中。正因如此，我将我的观察和贝克（Becker，1982）对艺术界的研究联系在了一起。在那份研究当中，贝克指出，艺术家的塑就并不是某一个人的责任，而是一项有很多人参与的集体事件。在本书中，我也将时尚组织机构和那些集体建构了时尚体系的人放在一起进行考察，因为社会结构和在人们一起工作的各种行为之间存在着深刻的相关性。正是这些互相之间开展合作的人际关系让时尚成为可能，并且一而再再而三地塑造出时尚的象征意义。时尚是一种群体现象，它并不是由某个设计师单枪匹马创造出来的，我们也不能脱离社会环境来对它进行解读。必须要说，在本书之前，很少有人尝试对时尚产生的组织机构和环境进行考察。

而将时尚和时装设计师放在艺术文化的社会学框架中进行考察的最大好处就是，他们都没有把考察对象视作某一个天才个人的创造物，而这也是我们对时尚体系进行社会学考察同样需要遵从的基本原则。和"文化产品仅仅是富有才华的艺术家的作品，通过筛选才能进入公众视野"这种看法不同，这些社会学家相信，文化元素是在从事符号生产活动的职业群体和机构当中形成的。举例来说，贝克（Becker，1982）就曾经解释说，他的研究对象是社会机构而非审美，并且他认为艺术作品的生成有"共享的艺术传统"和"形成共识的定义"在其过程当中进行调和。艺术作品的文化艺术价值为创造性协作构成了条件，而这种协作正是被正式的文化机构所故意"发明"出来的。

此外，我的分析同样也涵盖了时尚制造者的分层维度——尤指时装设计师——来理解在法国发展的服装设计师的社会地位差异。布尔迪厄（Bourdieu，1984）对文化的分析强调了文化体系分层功能的重要性，因为社会群体是由他们各自的文化品位，或者说是他们创造出适合自己社会层级的文化机构的能力来进行区分的。不过，布尔迪厄关注的是消费不同文化符号的群体之间的区别，而我关注的则是设计师这个职业群体当中的等级结构。对文化差异的讨论从社会学角度来讲是很重要的，因为它们是和社会层级的根本模式联系在一起的，而后者是由来自不同层级的人们身上不同的文化特征所维系。时尚设计师在他们自己的层级系统内部认领的任务会影响到他们所创造出的产品，因为设计师的社会地位和位置会反映在他／她的受众和消费者身上。

为了对巴黎的时尚体系进行一个全面的考察，我在本书中所采用的数据都来自我用了近一年时间进行的田野调查，它包含对巴黎和东京的时尚从业人士进行的采访（参见附件 A 中表 A.1）和对时装发布会、商品交易会的观察（参见附件 A 中表 A.2 及表 A.3）。此外，我还尝试过联系那些和巴黎的主要时尚贸易机构有着直接或间接关系的人士，好让他们可以扮演整个体系的成员样本。此外，还有一些数据来自机构文件和记录。我挑选了五位在巴黎发展的日本设计师——他们是高田贤三（Kenzo Takada，他以 Kenzo 这个品牌而闻名）、川久保玲（Rei Kawakubo）、三宅一生（Issey Miyake）、山本耀司（Yohji Yamamoto）和森英惠（Hanae Mori）——来建构不同类型的设计风格，而这些不同的类型是和他们各自在法国时尚体系当中所占据的位置相对应的。此外，虽然后面的内容并不是我研究的首要重点，但我还是用一些高级定制（Haute Couture）和高级成衣（Prêt-à-Porter）系列的发布会视频采样对多个日本设计师的作品进行了一次内容分析，并对法国、日本和美国出版的时尚杂志过刊进行了回顾[4]。

将"服装"和"时尚"定义为两个不同的系统

"时尚"这个概念并没有一个统一的定义（Hollander，1993:350）。巴纳德（Barnard）曾于 1996 年尝试对"时尚""风格""时装""饰品"和"服装"这几个概念进行过界定和解释，但同时又表示，要将具体某件服装或衣服认定为一件时尚单品或许是不可能的。事实上，要为以上这些词语当中的任何一个下一个终极的定义都非常困难，因为这些词语并没有一个普适的含义或特征（Barnard，1996:9-10）。不过，为了讨论的必要，我将会把它们分成两大类：时尚和服装／服饰。"服装"包含所有除了"时尚"之外的概念。所有"服装"的同义词和近义词，例如"衣服""衣物""戏服"和"着装"等都属于"非时尚"这一类别，所以我将其都归于"服装"或"服饰"一类，因为本书主要关注的是"时尚"这个概念和它的实践。

从历史的角度，罗奇（Roche，1994:47）解释了在路易十三和路易十四的统治时期，"时尚"这个概念具有的两个含义：一方面，它指的是习俗、生活方式、行事风格和处世因循的习惯；而另一方面，它又指的是任何随着时间、地点改变的事物。物品有时尚，地点有时尚，习惯也有时尚。这个概念涉及的不仅是服装和服饰，而且是每一种自我表现的方式（Roche，1994: 47）。直到今天，时尚从最广义的意义上来说也可以被定义为某个特定社会在某个特定时间点当中被人们集体认可的行为、想法或装备。在更广义的时尚概念当中，改变和变革是它的本质特征，且这也几乎适用于任何社会现象，比如文学、艺术、姿态和态度（Sumner，1906/1940）。从狭义上来讲，时尚尤其指的是"穿衣打扮的时尚"，也就是某个特定社会或是某些特定群体在那个社会的某个特定时间段当中经由系统制造、营销和定价的着装模式。作为 19 世纪欧洲现代工业社会的产物，服装时尚当中的"变革"成分也是与生俱来的。对时尚的社会学及其他角度的分析通常会在这两个视角之间来回拉锯，而正是这种语焉不详模糊了这个话题。从分析的角度来说，这两个概念应该被严格区分开来。

在大多数对服装和时尚的社会学分析——尤其是传统社会学的分析当中，对消费的强调一直以来都超过了生产。古典学派的社会学家（Simmel，1904/1957；Spencer，1896/1966；Sumner，1906/1940；Sumner and Keller，1927；Tarde，1903；Tönnies，1887/1963；Veblen，1899/1957）都将时尚视作一个"模仿"的概念，而这也构成了时尚涓滴理论的基础，那就是：当社会的最高阶层采纳了某种特定的着装风格，那么紧挨着他们的那个阶层——不管他们是想要往上融入那个最高的阶层，还是想要装作已经融入那个阶层——都会紧跟上流社会的步伐，也采纳那种新的风格[5]，而这种影响会沿着阶层继续向下"传染"，直到它达到经济上能负担得起这种风格的最低阶层。随着时尚沿着阶层一路向下传播，对它的复制通常也会采用越来越廉价的材料和越来越粗糙的做工。到了这种风格已经被大众消费得起的时候，它就已经失去了原来被用作彰显阶级地位的功能，而最高的社会阶层届时也已经兴起了一轮新的时尚，从而又会再次发起一轮这样的"传染"。最开始，这个过程是形成于中世纪晚期，因为当时的中产阶级正在欧洲的城市当中缓慢兴起，而18世纪晚期的工业革命更加促进了这个支持时尚缓慢下渗的社会阶层结构的形成（Sombart，1967）。冯伯姆（von Boehn，1932: 215）曾经对这种时尚现象进行描述，但是并没有在这种现象和时尚体系的本质之间进行区分，而这种现象和一个新兴的时尚体系一样，只可能在一个开放的阶层体系当中产生。

与此同时，当代的时尚学者各自对"时尚"的定义也相去甚远。波尔希默斯和普罗克托（Polhemus and Proctor，1978: 9）曾经指出，"时尚"这个词在当代西方社会也被用作"装扮""风格"和"衣服"的同义词，但是戴维斯（Davis，1992: 14）又指出，任何试图将"时尚"与"风格""习俗""传统或可接受的服装"进行区分的概念定义都必须将重点放在它的"变化"这一要素之上。德皮埃尔（Delpierre，1997）也曾表示，即便是在18世纪的法国，时尚的本质也有易变性。这种改变被视为是模糊不清的（Davis，1992），因为它的发生似乎是非理性以及不具备规律性的。然而，假如我们像戴维斯建议的那样只关注时尚的模糊性和模棱两可，那么社会学家也就没有什么可以研究的空间了。没道理的变化无常和朝生暮死正是时尚不能被严肃对待的主要原因。

那么这些变化又是由谁，或者说是由什么原因造成的呢？这些不停的变化背后有什么逻辑存在吗？还是说它只是一个自然而随机的现象？一种时髦的风格是如何在此消彼长当中变化的？对此，我的观点是，在现代时尚体系当中，不断变化的并不是时尚的体制结构，而是时尚的内容。这本书试图解释的正是这种变化是如何被系统性地制造出来，又是如何被体制性地管理和控制的，无论是在过去、现在还是在未来——假如几个时尚之都选择要继续维持这种霸权的话。

在我展示时尚体系当中的结构组成部分之前，我将对曾经在文献里出现过的时尚体系的各种概念进行回顾，从而说明我对"时尚体系"这个术语的运用与其他人不同。虽然有的作家会使用"时尚体系"这个词，但是还有一些人将时尚和服装体系混为一谈，或是不作区分。他们都忽视了时尚产生的体制性本质。对服饰和／或时尚体系最为流行的一种看法就是从符号学的角度对其进行考察，也就是将单件衣服视作一个富有意义的语言学符号，虽然也有一些人——比如麦克拉肯（McCracken，1987）就相信，将服装视作一种语言的做法是大错特错的。麦克拉肯（McCracken，1987）曾经在他的研究中揭示，从服饰语言当中并不能发现口语或书面语言当中所能发现的那种固定的、受规则支配／统治的等式，而服装和语言之间的关系最多也就算得上是一种隐喻。

巴斯（Barthes，1967）和卢里（Lurie，1981）对服装和时尚的符号学分析是建立在由瑞士语言学家费尔迪南·德·索绪尔（Ferdinand de Saussure，1972）所开创的结构语言学的基础之上的，也就是说，索绪尔提出的被称作"符号学"（semiology）的理论能够帮助我们对服装和时尚进行区分。在这种理论看来，任何被用来表达或传递文化含义的事件或物体本身就是一个符号，包括想法、信念或是价值观等。社会现实和事件从本质上来说也是有象征意义的，因为它们被赋予了某种"意义"。具有象征性的元素和被象征的事物、指代者和被指代的含义，以及某个特定文化体系当中各种符号之间的相似性和差异性等通常都是符号学所关注的重点（Rossi，1983）。对时尚的结构语言学考察衍生于阶层划分和模拟模型，而后者在时尚的古典理论学者和一些当代的理论学者（Bell，1947/1976；Bourdieu，1984）对时尚的讨论中都曾有过提及；它们对我们的启示就是，简单的模仿机制并不能让我们充分理解当代时尚的产生过程，因为时尚涉及的不只是模仿。

在巴斯（Barthes，1967）和卢里（Lurie，1981）看来，服装——而非时尚——可以被视作一个符号学系统的一部分。他们还解释了服装是如何替人类进行交流的，以及服装所交流的内容。他们关注的焦点在于具体的服装以及对服装和语言特点之间的比较。卢里（Lurie，1981）曾经主张说，人们的外表会"说话"，并将服装比喻成语言。她将一件一件的衣服比喻成外文的单词和俚语，将配饰和点缀比喻成形容词和副词。就这样，她将服饰等同为语言文字。人们由此得以向别人传递出关于自己职业、出身、性格、观点、品位、性取向及当前情绪的信息和误报。在卢里（Lurie，1981）看来，服装就是一种语言，因此它一定和其他语言一样具有一个词汇库和语法。服装的词汇库就像是一种方言的词汇库。她并不认为外表的结构存在任何的天然歧义，或是通过服饰传递出的意义当中存在着任何不稳定性。诚然，时尚或服装的确能够"说话"，但是它们说的内容却并不明确。从符号学的角度对服装进行考察，其视角固然有限，但是在某种程度上的确可以用来解释一些实体的对象——比如服装，只是这样的一个视角对时尚来说仍然无法适用，因为将时尚作为一个考察对象乃是非具象的。

巴斯对时尚的分析（Barthes，1967）是基于从视觉和语言细节上建构起来的一个意义体系。他在对"服装"进行符号学分析的时候对每件衣服都进行了解构——尽管他也把"服装"叫作"时尚"。对巴斯来说，时尚从结构意义上讲就是一种语言。他对每件服装都进行了分析，但是他使用的是时尚杂志里的文本和图片。此外，他还用语言学的术语对时尚相关的文本进行了分析，譬如在"一件开领夹克"这个短语当中，"夹克"是一个宾语，"开"是一个副词，"领"则是一个变量。"宾语"是服装的基本元素，或者说实体，而诸如衣领、袖子或纽扣之类的细节则是二级元素，且每一个这样的"副词"都有自己的"变量"，譬如开／关，宽／窄，等等。"宾语""副词"和"变量"的各种变体，以及时尚的意义都可以从这些词语的关系和组合当中找到。这些变量的改变会创造出不同的时尚，并且定义什么是时髦。巴斯关心的是时尚杂志对服装的描述方式和讨论内容。他的关注焦点是这些内容的组成方式和规则。

不过，即便他的书名叫《时尚体系》（*The Fashion System*）（Barthes，1967），但事实上巴斯讨论的也不是时尚体系，而是服装体系。不过，他的分析对于将这两个不同的体系区分开很有帮助。服装体系可以指导我们在某个特定场合里应该怎么穿着以及穿什么，因为每种社会环境传递出的意义都是不同的。此外，人们对于西式服装应该是什么样子也有着种种先入为主的看法。我们已经通过社会化了解到一件衬衣通常有两只袖子，以及一条裤子通常有两条裤管。同样的，人类社会对于穿着打扮其实也有一些规则，只是我们已经对它们习以为常，或是视作理所当然。事实上，我们对穿衣打扮的确有着不成文的规定，或者用萨姆纳（Sumner）的话来说（Sumner，1906/1940；Sumner and Keller，1927），叫作"习俗"（folkways）；也正是这些穿衣打扮的习俗构成了一个服装体系。即便这个服装体系并不能解释时尚体系，西式服装的标准着装体系也能帮助我们看清从这个体系衍生出去的变体。我对在巴黎发展的日本设计师——尤其是对那些前卫服装设计师的实例研究将会揭示他们是如何摧毁了传统的西方服装体系，并创造出了一个新的服装体系的——虽然有西方的时尚专业人士认为后者是植根于日本和服的体系——同时又保留在传统的时尚体系，也就是法国的时尚体系当中的。此外，我还将审视"时尚"这个概念，它将"服装"包含在内但又并非仅此而已。

同样的，莱奥波德（Leopold，1992）在自己的书中所持有的观点也是将"时尚"而非"服装"视作一个独立的体系。在莱奥波德看来，时尚体系就是高度碎片化的生产方式和同样多样化且经常是反复无常的需求模式之间的互动关系。她声称，时尚其实包含两层含义，一层是作为文化现象的时尚；另一层是注重生产技术的服装制造业。此外，她还指出服装生产及其历史在时尚的产生过程当中发挥的重要作用，并否定了"消费者的需求决定了时尚的产生"这一观点；这也是她和布卢默（Blumer，1969）的分歧之处。莱奥波德将时尚视作一个具象的客体，并认为时尚是一个由需求决定生产的体系。与之相反，克勒贝尔（Kroeber，1919）和扬（Young，1939/1966）则把时尚视作一个有着自身演变逻辑的独立体系，并称该体系内部已经建立起了一种变化模式。他们对时尚杂志和期刊上出现的服装进行考察，从而展现了较长一段时间内人们着装风格的规律性变化。不过，我对这项研究的准确性存疑，也对这种计量方式的意义存疑。此外，他们的研究对象到底是时尚还是服装也并不清楚。

我对"时尚"这个词的理解和运用或许最接近于戴维斯，因为如他（Davis，1992:200）所说："20 世纪对时尚的研究……在很大程度上是在一个我倾向于将其称之为'时尚体系'模式的框架里展开的。"我赞同戴维斯的观点（Davis，1992: 200），那就是："影响力从中心向边缘的扩散……是在等级术语中产生的……一个创新中心——譬如拥有高度发达的高级定制工坊的巴黎就是一个典型——的核心形象仍然牢固。"不过，戴维斯没有进一步阐释这个时尚体系是由什么组成的，时尚是如何从中心向边缘扩散的，以及这个体系有着哪些功能。他将高度发达的高级定制体系视作理所当然，然而却并没有解释它为什么被视作如此高贵。因此，他对时尚体系的分析也是不完备的。

这个体系支持并巩固人们对时尚的信仰，而我将时尚定义为一个机构性质的体系，后者在怀特夫妇（White and White，1965/1993: 2）看来是一个由信仰、习俗和制式程序组成的牢固的网络，而这些组成部分合在一起，就构成了一个具有某种公认的中心目的、组织缜密的社会机构。我的看法是，时尚体系只存在于某些特定的城市，而时尚在这些城市当中是被有架构地组织起来的。汲取了这些作者将时尚视作一个体系的观点之后，我将这个概念运用到了我对更广义的时尚的理解之上，那就是生成了时尚设计师的这个体系，而设计师和其他的时尚从业者一起又反过来保存并巩固了时尚的文化和意识形态。在我的研究当中，我使用了"时尚体系"这个词，但我将其视作互相作用的各种组织、机构、行为和个体的总合；它能够对时装设计师和他们的创造力给予承认，但是却不并能解释服装生产，因为那又是另外一种完全不同的制造体系了。

法国时尚霸权的集权化

时尚这个现象在历史上曾经就是"法国时尚"的代名词，而任何和时尚或时尚产业稍微有点关系的人都会同意"巴黎一直以来都是全世界的时尚之都"这个说法，因为巴黎一直都在追求这个语境当中的定位，并试图以此吸引国际贸易和投资。当然，也有一些人（Craik，1994；Finkelstein，1996）认为巴黎不再是时尚之都，以及作为精英时尚的高级定制不再有生命力，因为时尚已经出现了如此之多的风格和形式，以至于人们不能确切地指认出某一种类型的时尚。克雷克（Craik，1994）曾经建议，我们应该消解并重组"时尚"这个词，因为它通常仅仅局限于指代欧洲时尚。

不过，在消解或重新定义它之前，我尝试了去回答"时尚"这个词为什么一直以来独独被用作描述西方精英时尚——尤其是法国时尚这个问题。时尚和服装一直以来都是法国经济的重要组成部分，而服装产业也是法国各行各业里雇用劳动力最多的行业之一，更不用提它还是各行业中女性工人的最大雇主。1848 年，巴黎的服装贸易行业雇用的工人人数在巴黎各行各业当中排行第一，而在随后的 19 世纪后半叶，服装厂的工人数量还从 76.1 万涨到了 148.4 万，增长了近一倍（Coffin，1996: 5）。到了 1946 年，因为纳粹将很多犹太裔的服装厂工人驱逐出境，以及该行业的标准化水平不断提高，服装行业的工人人数又暴跌到了 85461 人。到了 1962 年，服装产业又成了法国第三大产业，总共雇用了超过 9 万名工人（Green，1997）。不过，服装产业在某个特定城市当中的聚集，不论它是纽约、巴黎还是伦敦——却并不能创造出一个时尚中心，也不能就此产生时尚文化，因为服装的制造业和时尚没有半点关系。法国并不是世界上最大的服装进口国和出口国[6]。不仅如此，想要定义法国时尚也变得愈加困难，因为它已经变得非常复杂且国际化。近藤（Kondo，1992: 178）曾对此解释说：

"跨国金融、许可贸易以及聘请国外设计师这样的做法已经在法国的设计师品牌当中引发了巨大的变革，并且重新界定了'巴黎'的边界。多年以来，香奈儿都是德国人卡尔·拉格斐（Karl Lagerfeld）的地盘，迪奥现在则由米兰籍设计师奇安弗兰科·费雷（Gianfranco Ferré）接管，取代了执掌帅印已久的马克·博昂（Marc Bohan）。在日本，这种跨文化的融合也同样显著。作为法式优雅的象征，令人尊敬的 Grès 品牌已于 1988 年被日本面料服饰公司八木通商株式会社(Yagi Tsusho) 收购……而法式温柔女人味的代表——Cacharel 品牌新聘请的首席设计师田山淳朗（Atsuro Tayama）也是日本人。"

再往更近了说，1996 年，两位年轻的英国设计师约翰·加利亚诺（John Galliano）和亚历山大·麦昆（Alexander McQueen）被从英国的时尚业聘请到法国，分别为纪梵希和迪奥担任设计师，而两位美国设计师马克·雅可布（Marc Jacobs）和迈克尔·科尔斯（Michael Kors）现在则分别在为路易威登（Louis Vuitton）和赛琳（Céline）担纲设计。出生于多米尼加共和国的美国设计师奥斯卡·德拉伦塔（Oscar de la Renta）在为皮埃尔·巴尔曼（Pierre Balmain）担任十年的设计师之后于 2003 年辞职。巴黎仍然是一个迸发美学创意的地方，而文化的权威和霸权则在这里因为它的国际包容性而受到了挑战。斯科夫（Skov，1996: 133）也说：

> "如果说巴黎是一个谜，那么这绝非是对它的批评，因为这正是它最大的一个卖点。那些高级定制工坊——对很多人来说，它们就是巴黎时尚优越性的象征，因为在这里，每一件服装都是量身定制——在过去几十年里经历了严峻的经济困境……各个时装屋现在都在通过香水、化妆品和配饰来赚钱，而这些东西之所以卖得动也正是因为它们那个谜一般的原产地，'巴黎'；可以说，这个地名已经成了它们商标的一部分。"

很多时尚领域的其他作者（Hollander，1994；Laver，1969/1995；Lipovetsky，1994；Perrot，1994；Remaury and Bailleux，1995；Roche，1994）也承认了法国在时尚界的权威地位，并且认为法国是好品位的发源地，但是他们没有能够解释清楚这个神话是通过一个什么过程，以及是被谁所创造出来并维系至今的。斯蒂尔（Steele，1988: 9）曾经很有说服力地解释说：

> "巴黎在时尚界的领导地位并非是源自巴黎人民特定的某种轻佻或进步精神。巴黎的时尚也不是某个富有创造力的天才个人的产物，

虽然这个看法仍然在时尚的神话传说当中扮演着重要的角色。很多关于巴黎时装设计师当中的'天才''独裁'的逸闻都揭示着人们对时尚程式深深的误解。"

法国时尚的出现并非偶然，也并不是一个自然现象。在接下来的章节里，我会详细阐释那些表明巴黎仍然是时尚之都的迹象，即便后者现在面临着好几个挑战。

在任何形式的文化创造过程当中，意识形态都扮演着一个决定性的角色，巴黎的时尚文化也不例外。在威廉姆斯（Williams，1981）看来，意识形态是有意识或无意识的信仰、态度、习惯、感觉或假设的总和，而一个阶层或其他社会群体的自觉信仰和与之有关的文化产品之间也是存在联系的。意识形态是由社会关系、人类活动、价值观和意识所塑造。威廉姆斯（Williams，1981）还进一步解释说，通过文化散播的价值观和规范会创造并维系意识形态及其信仰。于是，我对时尚文化在这一体系的支撑下如何得以产生、维系和重构进行了探讨。时尚是一种体制化的亚文化，它有着特别的功用，而且在该体制内部的设计师也被划分为不同的层级。

法国的时尚贸易组织，也就是法国高级时装、成衣及服装设计师协会（La Fédération Française de la Couture，du Prêt-à-Porter des Couturiers et des Créateurs de Mode，以下简称"法国高级时装联合会"）[7] 在该体系当中扮演着关键的角色，并且在掌控时尚从业人士的流动，以及在巴黎组织时尚活动的机构创建当中发挥着举足轻重的作用。我将这个贸易组织放在我的实证主义分析的核心地位，并详细阐述了机构和个人之间的制度性联系，还审视了对时尚体系内部那些门槛把持者（比如时装编辑和记者）的决定产生影响的结构状况。可以说，时尚在很大程度上是由这个产业内部各个生态位上很多互相关联的人作出的大量个人决定而引发的连锁反应的产物。

现代时尚在法国的体制化导致的结果就是两组设计师之间的分化，正如它在那些消费最新的时尚潮流和那些模仿别的阶层怎么穿着打扮的人之间划定了一道时尚消费的界限一样（Simmel，1904/1957；Veblen，1899/1957）。这个体制内部的时装设计师——也就是那些被我称为"精英设计师"的人——可以通过不断地参与官方举办的时装发布会来巩固自己的地位，而这些发布会也发挥着一种仪式一般的作用，在很大程度上就像涂尔干社会学理论对宗教的分析（Durkheim，1912/1965）那样不断地复制以及强化着时尚的象征意义。然而，这种分层不仅对消费者来说是民主、流动且任意的，对时尚的制造者来说也是如此。伴随着现代时尚体系的就位，曾经是精英专属的时尚也变得更加民主，更容易被大众所企及了。此外，制度的创新也对新秀设计师和新鲜潮流的合法化产生着影响。它将精英服装制度划分为"高级定制"和"高级成衣"两种，且在近年来又增加了一种新的类别，叫作"半定制"（Demi-Couture），以便培育及欢迎年轻一代的设计师加入高级定制的群体，即便它（半定制）暂且还没有成为一种官方的制度。与此同时，这个体系也将服装设计师分为了"体制内"和"体制外"两个类别。体制内的设计师在时尚界被赋予了特殊的地位和声誉，并且占据着统治地位。时尚具有意识形态的一面正是体现在它是精英设计师这个社会团体建立、维系并重塑时尚的形象这个过程的一部分。

作为文化输出者的时尚设计师

克兰对时尚产业和时尚设计师的好几个实证研究（Crane，1997a，1997b，2000）都被我用来作为我对身在巴黎的日本设计师进行实证观察的出发点。其实一直以来都有人从追随或说消费时尚的人的角度去分析时尚，因为在被制度化以前，时尚是从上流阶层的男男女女当中产生的，所以时尚的制造者和消费者其实是出自同一个源头。那个时候，设计服装的人也就是穿着这些服装的人，而那些执行这些设计的人却寂寂无闻。事实上，作为一种职业的服装设计师是在 1868 年以后伴随着时尚体系在法国的制度化才出现的一个现代现象，而我在本书接下来的章节里也会对这一体系进行详细的阐释。时尚代表着社会精英的穿着，然而这一论断伴随着社会变迁和社会的民主化进程却渐渐被消解了。时尚不再只是一种如塔尔德（Tarde，1903）和其他一些人（Simmel，1904/1957；Spencer，1896/1966；Sumner，1906/1940；Sumner and Keller，1927；Tönnies，1887/1963；Veblen，1899/1957）所认为的"一个自上而下的下渗过程"，而是也变成了如斯宾塞（Spencer，1896/1996: 206-208）在解释竞争性模仿时提到的"横渗"的过程，甚至是如布卢默（Blumer，1969）和波尔希默斯（Polhemus，1994，1996）提出的一个"上渗"的过程。尽管我并不否认即便是在当代社会，一些服装的穿着者也有将普通服装变成时尚的能力，但是我的研究结果还是显示，是体制决定了哪些服装会从巴黎发源，成为时尚，并传播开去。不仅如此，早期的时尚学者也没有一个将设计师个人的创造力纳入考量，没有一个预料到社会结构的改变和人们对待权威的态度会发生改变，因为后者会让一些人转而排斥上流社会的时尚。

　　克兰是为数不多的几个专门研究"作为职业的服装设计师"这个课题（Crane，1993，1997a，1997b）的社会学家之一。她分析了服装设计师在美国、法国、英国和日本的社会地位，并分别考察了这些设计师们制造出来的风格。在对文化制造者进行社会学分析的时候，时装设计师很少被包括在内，因为人们的分析对象通常是艺术家、画家、雕塑家、作家、舞蹈家和音乐家。在克兰（Crane，2000）看来，"高级定制"这个时装类别已经被另外三个主要的风格类型所取代，并且它们每个都有自己的流派（高级时尚设计、行业时尚和街头时尚）。然而我所关注的重点是时装设计师而非时装设计本身，并且我还根据这些设计师在时尚界的等级制度里分属的不同类型对他们进行了分类；每一组设计师都各自构成了一个门类，那就是法国时尚体制内的设计师和不属于该体制的设计师。是否处于体制内会对这些设计师的社会、经济以及符号地位都产生影响。不仅如此，即便是在时尚体制内部的设计师当中也存在着一个单独的等级体系。

　　和克兰一样，布尔迪厄（Bourdieu，1975，1980）也坚持强调文化产品制造者的重要性，而在时尚这个领域里，扮演这个角色的就是时装设计师。他们要在很大程度上对服装的制造负责，而服装的制造也就是时尚产生的第一个舞台。接下来，这些服装会作为"时尚"被合法化并得到传播。随着贵族阶层对时尚的影响开始消弭，人们开始需要由别的什么人来制造时尚。而随着社会各阶层之间清晰界限的消失，人们没有了可以模仿的对象，时尚的重点就从服装穿着者转移到了具体服装的制造者和设计者。于是，时尚设计师的社会地位就得到了提升。

克兰（Crane，2000）对于时尚机构的本质是如何影响着消费者可以穿什么，以及反过来说，某些特定类型的消费者又是如何影响"什么是时尚"进行了考察，只是她没有对这些组织结构的变化会如何影响设计师的声誉和地位进行进一步的探讨。在对设计师这个职业进行探讨的时候，作为法国时尚贸易组织塑造结果的设计师等级结构也必须被包括在内。虽然克兰（Crane，2000）曾经暗示，法国时尚霸权的渐渐消失说明时尚体系在 20 世纪 60 年代愈演愈烈的去中心化和复杂情况使得时尚预测的发展会成为必然，并且时尚预言家们在对"未来会流行哪种风格"，以及"什么类型的衣服好卖"这些方面扮演着主要作用，但我却在研究中发现，很多这样的预测人士在进行预言的时候仍然依赖的是巴黎的时装设计师推出的服装系列，且他们会不惜一切代价挤破头地去看"凭邀请函入场"的时装发布会，然后再根据他们所看到的内容来预测未来会流行什么。与此同时，一些其他国家的服装公司内聘设计师和零售买手也会飞到巴黎来采购时尚单品，并以它们为样品"盗取"灵感。

因此，我对时装设计师的分析是从他们的社会属性，而非从审美的角度展开的。我不会把时尚定义成什么"特别的、像是天才的伟大作品"一类的东西。和其他一些专门研究时尚的学者一样，我只是将服装设计师视作文化产品的制造者。只不过，我仍然会去讨论这些设计师的作品，特别是在巴黎发展的日本设计师的作品，因为除了设计师们在时尚体系内部扮演的角色，他们所创造的产品也包含在我们对时尚体系的社会结构和组织的认识以内。我们不能无视设计师和他们的作品，不能无视他们使用的面料和塑造的廓形，且不同类型的服装的制造过程也必须被纳入考量，因为唯有这样才能全面地理解时尚和服装。他们的工作状态只有在排外的时尚界的社会机构这个语境里才会变得清晰而有意义。此外，虽然我的研究出发点并非是想要定义"创造力"，但是我在书中的确对"创造力"的含义以及它的标记过程提出了质疑，同时也指出了人们对"创造力"这个概念的理解和解读可以多么宽泛。总的来说，是时尚体系将服装变成了时尚，而时尚则是通过服装呈现出来的一种社会学符号。

对身在巴黎的日本设计师以及他们的作品进行考察可以帮助我们在"服装"和"时尚"这两个完全独立于彼此存在的概念之间作一个系统性的区分。事实上，这两个概念之间的关系会随着时间、地点、状况和服装的类型而发生改变，并且在此前还从未有人对它们进行过切实的考察。也就是说，将一些衣服挑选出来，让它们被人们视作"时髦""入时"的乃是作为体制的时尚。虽然"时尚"的确依赖"服装"作为它的原材料，但时尚却是非常挑剔的，并将自己置身于一个由"成功""声誉"和"能力"组成的特定的等级体系当中。时尚活动和事件是由负责制作时尚的具体的人、团体、机构和组织来规范并控制的。每个参与其中的人都承担了复杂且互相依赖的角色，而且他们会根据该体系的需求去完成不同的任务。

时尚需要一个机制来实现其演化的过程，而提供这种机制的时尚体系依靠的是人们共享的标准规范和"在巴黎可以找到富有创意的设计师"这一信念。此外，除了该体系的结构问题，建立地位的意义、回报的模式、权力在"门槛把持者"当中的分配，以及时尚体系中不同组织机构的作用也必须得到解释。从根本上来说，设计师所作的决策和表现取决于他们感知到的收益和成本。的确，法国的时尚体系不是唯一的时尚体系，但在我看来，它是一个时尚体系最理想的形态，并且在打造设计师的声誉方面，目前它也仍然是最有影响的体系。不论是在纽约、伦敦、米兰还是在东京[8]，这个体系都得到了复制。不仅如此，洛杉矶、悉尼和圣保罗等城市也都在步它的后尘，只不过他们模仿的是法国的时尚体系以及和它较劲的更弱的时尚体系罢了。不仅如此，我也会将法国和日本两国的时尚体系进行简单的比较，从而找出一些迫使日本设计师远去巴黎发展的幕后原因。

本书概要

本书分为两个部分，分别是"法国的时尚文化"和"日本服装设计师和法国时尚体系的互相依存关系"。

第一部分的四章考察了现代时尚体系形成前后的法国时尚现象，并解释了"为什么时装设计师和时尚从业人士都喜欢汇集在巴黎"这个问题。在第一章里，我追溯了路易十四统治时期法国时尚惯例的历史，并考察了时尚是如何以及从何兴起的。在第二章里，我对法国的现代时尚体系进行了探讨，并将时尚贸易组织视作该时尚体系的核心，也就是说，该体系当中的其他部分都是围绕这个协会组织在运转。事实上，为了适应社会的需求和人民对服装的选择，法国的时尚体系在变成如今这样的形态之前已经经历了好几次结构性变革。在法国的时尚历史上，1868年算是一个转折点，不仅是因为这一年是法国高级时装联合会成立的年份，更是因为顾客和裁缝的关系在这一年发生了根本的逆转。在第三章里，我考察了时尚信息在过去和现在在全球范围内传播的过程和机制，以及时尚门槛把持者在现代时尚体系当中所扮演的重要角色。设计师和他们的受众之间的关系是由各种社会机制来进行调和的，因为这种社会机制也为设计师的形象和服装的流动提供了体制性的渠道。最后，高级定制、半定制以及高级成衣之间的社会属性及技术区别则会在第四章中进行探讨，从而让我们能够理解这些不同的服装类型的内在本质。

第二部分的四章则主要讨论了日本设计师和法国现代时尚体系之间互相依存的关系。第五章以讨论日本 1970 年的时尚运动为开头，第六、七、八章则介绍了在巴黎获得成功的日本设计师的三种类型，因为每一种类型都代表了一种被社会承认和认可的模式。

可以说，对法国时尚体系的组织结构进行一次透彻的考察对理解"体制是如何创造出时尚"这个问题来说非常必要。不仅如此，它还能让我们将该体制的结构性变革和"新的体制外设计师如何能够进入这个体制"的问题联系在一起。

注 ....

1. 关于某些特定风格的当代服装或服饰选择的研究，请参见 Craik (1994)，Crane (2000)，Davis (1992)，Finkelstein (1996)，Hollander (1994)，Lurie (1981)，McDowell (1997)，Polhemus (1994，1996)，and Storm (1987) among others. For social history of costume and dress, see Boucher (1967/1987)，De Marly (1980a，1987)，

Delpierre (1997)，Laver (1937，1969/1995)，Perrot (1994)，Ribeiro (1988)，Roche (1994) and Steele (1985，1988)

2. 在本书中，"设计师"这个词既指那些设计高级定制服装的设计师，也指那些设计高级成衣的设计师。如有特殊情况，我会用专门的术语，如"高级定制设计师"或"高级成衣设计师"来指代。

3. 关于从文化生产的角度开展的研究可以在艺术领域的学术著作（Becker，1982；Bystryn，1978；Crane，1987；DiMaggio and Useem，1978；White and White，1965/1993）、出版社和文学文化（Clark，1987；Griswold，2000；Powell，1978），以及流行文化（Kealy，1979；Peterson，1978；Peterson and Berger，1975）当中找到。它们探讨了文化客体的产生过程及体制。

4. 关于我的研究方法及研究过程的细节，请参见本书的附录 A 和附录 B。

5. 赫伯特·斯宾塞(Herbert Spencer，1896/1966)将这种做法称为"致敬性模仿"，以区别于"竞争性模仿"。"致敬性模仿"是由模仿者对被模仿者的尊敬引发的，而"竞争性模仿"则是因为模仿者希望与被模仿者进行竞争引发（Spencer，1896/1966: 206–208）的。

6. 中国是世界上最大的纺织品及服装生产国及出口国，美国则是世界上最大的服装进口国（Ramey，2003: 2）。

7. 该协会可以被翻译为"法国高级定制服装设计师及高级成衣设计师协会"。

8. 其他的一些时尚城市也有着类似的体系和机构，比如米兰的"意大利国家时装商会"（the Camera della Moda），纽约的"美国时装设计师协会"（the Council of Fashion Designers in America，简称 CFDA），伦敦的"英国时装协会"（the British Fashion Council），以及东京的"日本服装设计师协会"（the Council for Fashion Designers，简称 CFD）。

The Japanese
Revolution
in Paris Fashion

Yuniya Kawamura

PART 1 FASHION CULTURE IN FRANCE

第 一 部分
法国的时尚文化

第一章

法国的时尚霸权：历史与体制

法国宫廷社会的时尚实践是由多个机构组成的现代时尚体系的源头，而它发源于 17 世纪社会结构的顶端。法国旧政权（Old Regime）时期的时尚文化受到了来自路易十四（1638—1715），也就是所谓的"太阳王"的体制性支持，而后者也充当了时尚与品位的领头人。事实上，在路易十四统治下的任何一段时间，时尚都是一抹挥之不去的底色，因为时髦的装扮是这位国家领导人在那时候的一个专项特征（Roche，1994: 47），而"打扮得时髦"则是当时社会精英们的头等大事。这位国王曾经用节日和舞会来施展并维系他的政治权力，不仅仅是在法国，而是在整个欧洲；时髦的打扮也是他进行政治扩张的战略之一。后来，让 - 巴普蒂斯特·考伯特（Jean-Baptiste Colbert，1619—1683），也就是路易十四的财政大臣也努力将法国的奢侈品贸易集权化，这其中就包括时尚产品。当时的法国宫廷是所有欧洲宫廷的榜样，并在时尚潮流的兴起当中发挥着重要的作用。时尚成了财富、奢侈和权利的象征，而身着招摇的服饰也成了社会地位和声望的体现。于是，在整个 17、18 世纪，高度浮夸的装扮就在欧洲上流社会的男男女女当中蔚然成风（Roche，1994：46）[1]。

在始于 1868 年的现代时尚体系建立之前，服装面料、配料和辅料商人，女装跟男装裁缝，以及发起潮流的人之间都有着明确的劳动分工（Coffin，1996；Crowston，2001；Sargentson，1996），且每个工种都在法国的时尚文化中扮演着自己对应的角色。那时的时尚潮流并不是由服装设计师发起并引领的，因为他们并不负责产生"时尚"，而只是服装生产体系当中的搬运工。那时的服装制作过程是系统化且体制化的，但却不是"时尚"，即便在今天的时尚体系当中仍然可以找到那时的各个机构的特征和本质的影子。在法国旧政权时期，时尚现象是受那些身穿最新潮服装的人所把控的，但是潮流的变革并不像现代时尚这般有规律地发生。正如泽尔丁（Zeldin，1977: 434）所解释的那样，女性的着装风格在过去的变化非常缓慢，部分原因是因为女士服装上面有着大量的蕾丝和刺绣，所以制作起来非常耗时，从下单到能被穿在身上通常需要好几个月的时间。

这一章节对路易十四统治时期的法国盛行的时尚现象的文化历史，以及我将其区别于时尚生产的服装的生产体系进行了简单的探讨。我解释了法国的时尚霸主地位是如何得以在几次社会革命当中得到了维系，即便为法国时尚的统治地位铺下基础的服装以及奢侈品和纺织品行业在这几次革命当中都受到了削弱。

14 世纪以来的欧洲时尚和社会流动性

回溯欧洲的政治历史，我们可以发现，时尚其实并不是从法国开始兴起的（Laver，1969/1995；Lipovetsky，1994；Perrot，1994；Steele，1988），而是发源于意大利，并且和那里于 14 世纪中叶兴起的城市生活和中产阶级密切相关（Steele，1988: 18），因为后两者都重视时尚创新的发展和竞争[2]。就在这时，一种全新的服装开始出现；而在这股新的风潮当中，男装和女装开始泾渭分明，并且都出现了新的形态。一种已经可以被我们称为"时尚"的东西开始晋升为社会现象（Laver，1969/1995: 62）。时尚的开端标志着社会精英阶层开始穿着区分性别的服装，因为在那之前，不论男女都习惯穿着一件长外套，也就是一件长至脚踝的无腰带褶皱罩衫。但是自那以后，男士的衣服开始变短，让他们得以露出腿部，从而和继续身着长袍的女性们区分开来（Perrot，1994）。

据松巴特（Sombart，1967）考据，在 13 至 14 世纪的意大利，财富不再发源于封建经济，而原始资本的积累来自对亚洲的剥削跟贸易、银跟其他一些金属等新资源的发现，以及高利贷。后来，到了 15 世纪，德国对这种资本积累的方式也进行了效尤；再后来，哥伦布在 1492 年发现了美洲大陆，西班牙成了睥睨欧洲群雄的政治、经济强国，西班牙人的着装风格也影响到了整个欧洲。与此同时，这股力量也传播到了法国和荷兰，并开创了法国和荷兰这两条时尚道路，现代时尚也由此传递到了勃艮第宫廷，也就是后来所谓的"时尚的摇篮"和"欧洲最骄奢淫逸也最金碧辉煌的宫廷"（Steele，1988: 19）。到了 17 世纪，英国又赶上了财富增长的大潮。于是，大约从 17 世纪初开始，欧洲的奢侈品消费出现了大幅增长，而到了 17 世纪末，欧洲的财富增长已经是非常普遍了。

至此，欧洲社会也不再是由贵族阶层统治，因为后者受到了中产阶级的威胁，从而失去了他们绝对的社会特权。一个新社会的成型过程开始慢慢进入重要阶段，人们的社会地位也开始变得越来越有流动性和灵活性[3]。有钱人纷纷想要进入上流社会，而这凭借的不仅是金钱的积累，还有对昂贵物品的占有——虽然在 17 和 18 世纪的欧洲上流社会看来，通过经商来赚钱仍然不是什么值得尊敬的事（Sombart，1967）。进入社会地位更高的阶层——不论是绅士阶层还是贵族阶层，都成了当时有钱人的终极目标，那些刚富起来的中产阶级也对贵族头衔仍然报以向往。

对此，松巴特（Sombart，1967）进一步解释说，在法国，人们这种攀升社会阶层的欲望很可能比其他国家都更加强烈，因为法国贵族享受着绝对优越的权利和地位，而成为其中的一员不仅意味着社会优势，还意味着物质优势。到了 16 世纪末 17 世纪初，跻升为贵族阶层的有钱商人或银行家人数大增。曾经那些旧贵族们独自享有着上流社会的地位，然而现在，这些"新贵"也成为统治阶级的一部分。在 1600 年至 1800 年这两百年间，一个崭新的社会阶层从旧贵族和新兴有钱人的融合当中产生了（Sombart，1967），而法国的时尚也正是在这段时间里兴起的。就这样，从 14 世纪晚期开始，时尚在跨过了一系列引领风潮的中心之后，终于跟随着贸易模式和政治角力穿过欧洲来到了法国。中世纪欧洲的政治分裂对时尚的演变和时尚中心的形成也造成了巨大的影响（Steele，1988；Lipovetsky，1994）。可以说，时尚的繁荣是伴随着欧洲社会的结构变迁而发生的。

路易十四意欲打造出一个西方历史上最华丽的宫廷，并且他也的确成功了：他在宫廷里大肆组织舞会、化装舞会和宴会，而凡尔赛宫廷的巨大声誉使得法国在整个欧洲都占据了领导地位。在皇后、王子、公主和交际花的推波助澜之下，法国宫廷也成了为最时髦的时尚潮流定调的地方（Griffin，2001）。虽然时尚在那时还没有完成体制化，但是它已经被法国国王在法国宫廷里集权化了，因为后者总是想要穿金戴银，还有镶钻的大金链子；另外，考虑到那时的宫廷时尚对鸵鸟毛有着非常巨大的需求，鸵鸟在那个时候没有灭绝也堪称奇迹。正如韦布伦（Veblen，1899/1957）所说，那时的人们追求外表、奢侈品和时尚的社会意义就在于它们是政治权力的一种视觉表现。在路易十四的统治之下，法国大举推广了自己的时尚和文化。所以说，时尚的"法国化"从路易十四就开始了，而后者也在努力让法国在欧洲各国当中扮演仲裁者的角色——不仅在政治方面，而且也在品位方面。可以说，路易十四为了让法国时尚变得高级而倾尽了自己的努力。

关于路易十四对自己的外表有多么痴迷，以及他的态度如何对他周围的人们构成了影响，德马里（De Marly，1987）已经给出了许多的证据[4]。举例来说，路易十四每天会花上一个半小时的时间来打扮自己，其中一个小时是在镜子跟前给自己的胡须上蜡，即便是在他坐镇军中的时候也是如此。他的大臣们也会把自己关进一间会议室，在那里花上几天时间来讨论一条绶带应该摆放在外套上的什么位置才具备最佳效果。一位著名的法国贵族阶层知识分子圣西蒙（Saint Simon）（De Marly，

1987: 64-65 引述）曾经对于外表对当时的人们来说有多重要进行过
如下描述：

> "不论是怀孕，生病，还是刚生完小孩不到六个星期，也不论天
> 公有多不作美，人们都必须得身着'大裙[5]'，把自己挤进紧身胸衣，
> 或是到弗兰德斯[1]……去跳舞，去熬夜，去参加节日、饕餮作乐，
> 以及欢欣作陪。"

这些都是法国国王对他们的要求。路易十四引领着时尚，或让人们
修剪胡子，或让人们把头发剪短再留长，反正一切都是由他带头，再
被宫廷里的人效仿，再然后轮到其他将宫廷时尚视为楷模的普通人进
行效仿（Roche，1994: 48）。正如很多古典社会学主义家（Simmel，
1904/1957；Spencer，1896/1966；Sumner，1906/1940；Sumner
and Keller，1927；Tarde，1903；Tönnies，1887/1963；Veblen，
1899/1966）在一个世纪之前就曾指出的那样，"模仿"从来都是时尚
的精髓。而随着这位法国国王年纪渐长，白色的假发也在 17 世纪 90
年代末涌现了出来；虽然路易十四本人从未戴过这种假发，但是它们
也变得非常流行，仿佛人们是在以此向国王渐进的年龄表示致敬（De
Marly，1987）。

此外，路易十四对自己的形象也进行了非常严格的管理，并对自己
展现给公众的形象进行了周密的策划，好让它不会弱化自己的权威。可

---

[1] Flanders，欧洲西北部一块历史上有名的地区，是几个世纪以来的欧洲服装业中
心。——译者注。

以说在彰显性格方面，路易十四算是做得非常成功了，譬如他有着自己的御用画师——查尔斯·乐布伦（Charles Le Brun），由他专门负责为皇室画像（De Marly，1987）。因为路易十四认为自己可以和大帝们比肩，乐布伦也就将他画成了一位古罗马的皇帝，以此来强化这种威严的形象。不得不说，这种貌似以抽象意义存在于人们脑海当中的"形象"有时也会形成极具竞争力的优势，因为形象既可以被用来强化已经存在的正面形象，也可以被用来冲淡或改变负面的形象——即便后者可能需要花费更长的时间——甚至于在没有形象的地方创造出新的形象。而"时尚"的形象——也就是法国的时尚——则是从路易十四开始兴起的，并且迄今已经延续了三个多世纪。

考伯特和法国的奢侈品行业

在很大程度上，法国作为历史悠久的时尚中心的地位不仅要归功于路易十四这位野心勃勃的国王，而且也要归功于他的财政大臣——让－巴普蒂斯特·考伯特（1619—1683）：受国王首席大臣马萨林枢机（Cardinal Mazarin，1602—1661）的嘱托，这位财政大臣受命来为路易十四打理财政事宜。马萨林在路易十四临死之前将考伯特推荐给了这位国王，而后者于 1665 年便任命考伯特担任了法国的审计官兼财政大臣（Mongredien，1963）。考伯特笃信重商主义的教义，那就是"商业扩张对国家的财富来说至关重要"。事实上，重商主义是一种关于政府和社会的思考方式，也就是关于政府和国家经济之间的关系（Boucher，1985；Cole，1964）。它不再强调宗教信仰，而是非常重视一个国家追求自身利益的自由。它信守的原则就是：举国的人口、资源和才华等都是一台经济"机器"运作的零件，而领导并控制这台"机器"的人就是国家的统治者。政府将干预经济运作视作自己的合理角色，除此以外还要促进某些新的产业，培育国有资产和向某些公司及商人批准特许垄断经营，因为他们的行为可以促进生产和贸易，而任何生产和贸易的增长都会为国家创造更多的收入（Cole，1964）。他的经济政策——也就是后来被人们称为"考伯特主义"（Colbertisme）的一系列举措也都是朝着这个方向进行引导的。

随着法国宫廷的权力跟声名鹊起——对法国时尚的崛起来说，这至关重要——在考伯特推出的各项政策当中居于中心地位的就是奢侈品经济，而后者所鼓励的就是排场跟模仿（Roche，1994: 48）。考伯特的经济动机是想将奢侈品的制造业集中在巴黎，并让它们保留在法国本土，同时大力促进出口，好让法国的势力得以在全欧洲展现，从而获得更多的领导权。那个时候，意大利的手工艺品定义着人们的审美品位，并且在欧洲的时尚和设计领域处于中心地位（Mukerji，1997: 101），欧洲的贵族精英们也都喜欢从意大利买回一些时髦的物件。关于法国国王和考伯特对待此事有多认真，穆可伊（Mukerji，1997: 101）曾经作过如下解释：

> "对于把法国送上崛起的大国地位看得无比重要的路易十四和他的大臣们来说，让基督教的教义[1]和时尚潮流中心都牢牢踞于意大利是不可接受的。如果法国想要成为欧洲的文明而不仅仅是权力中

---

[1] 这里是指位于意大利境内的梵蒂冈。——译者注

心，那么它就应该扮演起文化领导者的角色。于是，路易十四遵从传统先例，让人们用艺术作品来记录下他的成就，而考伯特则操控着时尚，希望能让全欧洲的精英消费者们都来觊觎法国的商品。对这些人来说，物质的美丽与其说是一个审美问题，不如说是一个关乎权力跟荣耀的问题……法国的商品必须全线超过所有意大利的商品，才能让法国政权在审美和军事上一样成功。"

后来，考伯特也意识到，社会精英的品位在经济和文化方面正在变得越来越有影响力，于是那些时髦的物品也开始被认为是能够影响国际贸易的力量。法国试图用立法来规范进口，促进出口，还制定了节俭法令来限制人们对服装的选择，并且还设置了贸易壁垒和关税，以限制人们对国外商品的购买。考伯特相信，如果法国的社会精英需要用国外进口的服装及其他消费品来维持时髦，那么这很容易就会摧毁法国的本土制造业，所以他想为贵族和金融家们制造质量精良的商品，因为这些人才是手上有钱可以购买奢侈品的人（Mukerji，1997）。

考伯特对外宣称的理念是，他只是想要法国的消费者去购买法国的产品。而为了实现这一点，他必须让法国制造的成果看起来足够时髦。假如法国本土的工匠和手工艺人能够制造出讨全欧洲贵族欢心的商品，那么他们也能因此在国际市场上赚得盆满钵满。通过一个可以对商品制造进行调控的国家体系，考伯特筹建了一批得到皇室和国家认可的生产商，并让它们的设计去精准地满足时尚的需求。此外，考伯特还从意大利带回了一批工匠，让他们对法国工人进行培训，以求生产出时髦的产品，并让后者将新学到的技巧与鲜明的法国风格、原材料和工艺传统相结合。于是，这种新的格局将文化和经济大权从个体工匠和城市行会那里转移到了国家手中，并让时尚成为壮大法国中央政府实力的政治工具。

鉴于服装面料是时尚行业的基础，因此考伯特也致力于在里昂创建丝绸工业。法国政府还发起了保护性的立法，其用意就是要促使法国的丝绸制造业与意大利的奢侈面料行业进行竞争。就这样，在皇室的支持、鼓励，聘请意大利的能工巧匠和海外市场扩张等一系列举措之下，一个繁荣的国内产业被建立起来了。关于这些产业对法国建立时尚霸权的重要性，考伯特在自己的公开讲话中曾经有过清晰的表述（Sombart，1967: 50）："法国的时尚产业对法国的重要性就像是秘鲁的矿产之于西班牙那般重要。"到了 1660 年，全欧洲的精英人士都已经开始模仿起了法国的时尚（Mukerji，1997: 105），而法国的时尚霸权也开始统领整个欧洲。作为一个城市，巴黎在打造一个具有国际声誉的奢侈品中心方面是非常成功的：最新潮的时尚都出现于巴黎，而不论是外国人还是巴黎市民都会去巴黎的时尚源头朝圣（Steele，1988）。对此，法国哲学家查理·特·塞孔达·孟德斯鸠（Charles de Secondat Montesquieu，1689—1755）曾经于 1721 年在他的《波斯人信札》（*The Persian Letters*）一书中这样写道（第 99 封信）：

> "一个离开巴黎去乡下小住了半年的女士回来之后看起来简直就像她已经离开了三十年之久那么过时。她的儿子会认不出自己母亲的画像，因为画上母亲的裙子看上去是那么的奇怪；他会以为这是画的一个什么乡野农妇，或是这位画师决定画点自己想象当中的事物。"

与之类似，在半个世纪之后的 1772 年，法国作家、诗人兼历史学家卡拉乔洛侯爵（Marquis de Caraccioli）（转引自 Perrot，1994: 17）也认为：无处不在的时尚是一种心境的表达而非仅仅是服装的剪裁：

> "在巴黎，你若是看不见时尚，你就等于是在闭着眼睛生活。这里的每个广场、每条街道、每家商店、每件衣服和每个人……所有的人和事物都在展示时尚……一套诞生于半个月前的装扮在那些会打扮的时髦人中间已经算是非常过时了。时髦人士想要的是最新的面料、最新的杂志、摩登的想法，以及时髦的朋友。每当一种新的时尚成型，巴黎这座法国的都城就会全城为之疯狂，以至于没有人敢穿着不是最新样式的衣服在城中出现。"

在法国宫廷的家长式规划及引导之下，宫廷生活的辉煌和里昂及其他一些法国中心城市出产的高质量面料也为法国的时尚产业在随后三百年间的辉煌奠定了基础（Sombart，1967）。对于时尚产业的发展来说，考伯特将奢侈品贸易成功聚集在巴黎也是最重要的因素之一（Roche，1994）。

行会体系：服装生产和销售的规范化

虽然时尚生产在路易十四统治时期还没有完成规范化，但是服装的生产流程在那时已经受到了管控。那些出售面料、辅料或服装的商人，以及女装和男装的裁缝等都分属于自己所在的行会，而行会存在的要义就在于对该行业进行规范。换句话说，一个从中世纪开始初现端倪的贸易行会体系对手工艺行业的生产和销售起到了规范的作用。作为受到公众认可的机构，这些行会把持着劳动力市场和学徒获取技能的渠道，以确保他们制造出来的产品达到一定的质量标准（Coffin，1996；Crowston，2001；Sargentson，1996）。不仅如此，通过对行业准入设置一些具体的要求，这些行会也限制了劳动力的供应，而通过对工资、工时、工具和技术的规定，他们既规范了工作环境也规范了制造流程。可以说，这些在本质上具有垄断性质的行会追求的是对自己行业本土市场的完全控制并摒除外来者对这一行业的入侵。

而在服装行业，按照行会规定，面料的交易和服装的交易是严格区分开的，并且行会还禁止男女装的裁缝囤积或是出售面料（Perrot，1994: 36），也就是禁止他们侵占面料商人的领地，以规范商业竞争（Coffin，1996: 24），而这种区分在当时仅存在于这一个行业（Coffin，1996；Perrot，1994）。因此，那些想要添置衣服的人就得先自己掏钱从一家面料商那里购买面料和辅料，然后再把它们拿到一个裁缝那里去让他／她进行缝制。就这样，那时候的服装制造和销售就被行会复杂而烦琐的调控机制限定在了指定的渠道里（Perrot，1994: 36）。

就在考伯特致力于将法国变成一个 17 世纪的制造及贸易大国的同时，他对奢侈品行业的激励不仅覆盖了制造过程，而且还延伸到了商人——或者说布商这一群体，具体就表现在后者被赋予了比其他任何巴黎人群都更自由的贸易权限（Sargentson，1996）。从历史的角度来看，自从布商在 12 世纪成立自己的行会以来，这些人就在奢侈品经济里扮演着重要的角色，尤其是在进口商品的贸易这一领域[6]。有了考伯特的支持以后，他们又在奢侈品市场当中扮演了一个关键的角色，并且要对一些新奇时髦的东西被引入巴黎负主要责任。尤其是到了 18 世纪期间，他们的店铺又变成了展示、检审和消费新奇事物的地方。虽然这些人没有直接参与到奢侈品的生产和制造过程，但是这些布商能接触到最好的手工艺人和制造商，还能接触到别的行业接触不到的进口原材料，再加上他们对成品所拥有的贸易权，这些因素合在一起就让他们能够操纵这些时尚市场（Sargentson，1996）。

据萨尔任托（Sargentson，1996）描述，布商是一群有着共同体制身份的人，因为他们认为自己是一个由不用双手劳作的自然人组成的独特团体，并且利用这个特征在"六大社"（Six Corps）[7] 的等级制度里来定位自己。虽然六大社团中的另外五大社团都是商会，但是它们很多却是属于制造领域。布商们被认为是占据着更高的社会地位，并且他们还花钱开展游说，为自己争取特权，并用诉讼的手段来保护自己的权利不受来自其他团体的商业竞争（Sargentson，1996）。在那个时候，想要成为一名布商，你首先需要具有法国国籍，再需要三年不间断的学徒生涯，然后又是三年的工作经验。从 12 世纪开始，按照管理他们的相关法律规定，布商被禁止参与布料的制造过程，但同时又允许他们享有广泛的贸易权利，这一情况一直延续到巴黎的行会社团在 1776 年进行重组。在那之前，1613 年出台的行会规则仍然或多或少地在发挥作用，而它们最重要的一些功能就包括控制器皿的进出口、限制每个行业的人数准入上限、对工资和物品价格进行规范，以及对商品质量进行检查和标准化管理（Roche，1994）。每个行会的成员都要发誓遵守行会的规矩和条例，并且每年上缴年费。作为对这一身份的回馈，行会成员可以享受参与商业交易和议价的特权，并且同时在这一群体当中享有一席之地。

与此同时，作为法国"旧政权"治下的手工业的组成部分，女装和男装的裁缝又属于另外一个完全不同的行会系统，受到服装生产流程的严格规范和管控（Coffin，1996）[8]。男装裁缝的行会直到 1402 年才组建起来，因为服装是从那个时候开始才区分男女，也就是说，欧洲的男男女女是从那个时候开始才不再身穿千人一面的长袍和宽松外套。虽然更早时期的衣服只需要服装制造者具备基本的缝纫技巧就可以完成，但正是因为人们的服装从宽袖大袍变成了贴合身体曲线的服装，这一服装体系的改变对设计、检查、尺寸、熨烫和缝纫方法的新需求也催生出了"裁缝"这一新的手工业职能（Perrot，1994: 206）。后来，裁缝这一行当又在 18 世纪得到巩固，并控制了所有的服装销售和生产。在这个体系之内，最有权势的行会裁缝要数那些商人，而在生产领域，位列权力排行榜首位的是大裁缝师傅（master tailors），那些负责缝纫的裁缝则次之。从本质上来说，裁缝的行会是父权制的，而那些行会裁缝家里的女性——比如裁缝的妻子和女儿——则会被聘作缝纫女工；虽然妇女从总体上来说常常被禁止进入这一行工作，但是这些缝纫女工对于这一行的生意来说却至关重要。

1675 年，在考伯特的授意之下，女性制衣师们成立了自己的行会，因为虽然制造妇女儿童的紧身胸衣直到 1781 年之前一直都是男性裁缝行会的特权，但是在当时的法国，让男性为女士量体裁衣还是有点不成体统（Crowston，2001；Perrot，1994: 36）。最开始的时候，这些女装裁缝们制作的并不是衣服，而是一些亚麻织物，譬如家用麻布、婴儿服、女士马裤、衬衣、睡衣和手绢等。和男性裁缝不同，这些制造亚麻织物的女裁缝又另外成立了一个单独的贸易行会来出售别人的商品。后来，她们又从 17 世纪开始制造并出售自己的亚麻布制品。在当时的法国，如果一个女孩想要进入裁缝这个行业，她就必须得先完成三年的学徒生涯，再积累两年的工作经验，而且一定要年满 22 周岁（Coffin，1996: 31）。

就这样，缝纫女工、男性裁缝、布料商人和由考伯特一手推进的奢侈品经济为法国时尚的繁荣铺设好了舞台。不过，虽然以上这些人在法国时尚的霸权当中并非无足轻重，但是他们却并不是让时尚潮流变成受大众追捧的幕后主事。就那些仍然发源于法国宫廷的时尚潮流来说，贵族阶层才是无可争议的潮流领导者（Perrot，1994: 17），而这一行业的其他从业人员仍然处于寂寂无闻的状态。

节约法令：对时尚消费进行规范

受到政府约束的不仅是裁缝和商人，消费者也一样。要知道，任何政府发布节约法令的唯一理由就是为了维持泾渭分明的阶级和地位[9]，而这样的法令早在古希腊时期就已经在西方文明当中有所显现，其目的就是限制或规范人们的私人消费（Hunt，1996）。每当财富开始在社会各阶层当中向下扩散，以至于越来越多的人有能力模仿自己上一阶层的穿衣风格，以教导人们"例行节约"为目的的立法就会应运而生。于是，正如我们之前所提到的，在中世纪的欧洲，当封建体系开始瓦解而商人阶层开始获得越来越多原本属于贵族阶层的资源的时候，处于统治地位的贵族阶层便会开始启用节约法令，以禁止商人阶层模仿自己的生活方式。具体的例子就比如，在 16 世纪的欧洲，贵族阶层当中流行的装扮是用一朵玫瑰花来点缀自己的鞋子，而随着这股风潮的不断演变，珠宝和刺绣等装饰物也加入了进来，让这股风潮变得越来越华丽，于是欧洲的宫廷和立法机构就开始试图阻止普罗大众穿着这种鞋子并表现得似乎具备比自己实际身份更高的社会地位（Rossi，1976）。在所有的欧洲国家，政府当局都做过很多用节约法令来阻止时尚传播的尝试，而节约法令实际上也正是政府当局进行政治、社会和经济管理的工具（Perrot，1994）。

至于法国，在罗奇（Roche，1994: 56）看来，那里情况就是：节约法令促进了时尚的发展，因为它调动了法国手工艺人的创造力，也让法国宫廷在时装领域扮演了源头的角色。事实上，早在 13 世纪，法国就有根据社会等级对一个人可以拥有的服装数量以及这些服装应该采用什么价值的原材料来制作进行规定的法律，并且这些法律后来还慢慢传播到了整个欧洲（Hunt，1996）。法律不仅规定了一个人在置办衣服的时候最多可以使用多少布料，还规定了什么人可以穿着什么款式。也就是说，一个人可以穿着什么类型的面料是根据他所属的阶层来决定的，而任何人只要穿着了不属于他自身阶层的衣服都可能会受到惩罚。在这样的体制之下，王公贵族被分到的自然是最好的面料，比如丝绸，而红色和紫色这样的一些颜色也只能被统治阶级所穿着。

路易十四一边鼓励时尚产业朝着繁荣的方向发展，一边根据细致的社会阶层分化对时尚消费进行了确切的规定。具体说来包括：对一些像金穗带和金纽扣之类的细节装饰的使用是根据人们的社会地位和所处环境来规定的，对服装的面料则是根据季节来规定，例如塔夫绸要在夏天穿着，轻型面料在春秋两季穿着，而皮草则只能在万圣节或复活节穿着（Perrot，1994）。偶尔他也会放松对蕾丝的使用的限制，但是路易十四仍然宣称，织锦只能由他自己、王室里诞生的王子，以及他的子民当中有幸被他赐予"特权"的人使用——譬如他会专门赐予某人穿着蓝色刺绣的特权（Steele，1988: 24）。在他于 1661 年颁布的法令（De Marly，1987: 51）当中曾经就有这样一段话：

> "衣服上的配饰不应超过两指高。男士服装只能在衣服的衣领、斗篷的包边、马裤的侧面、袖子的接缝处和袖口、背部中间的接缝、纽扣前襟以及纽扣缝的周围使用蕾丝……女士服装则只能在裙子的包边、长袍和裙子的前襟，还有紧身胸衣上使用蕾丝。那些出售外国蕾丝和服装辅料的商人会被予以罚款。"

后来，法国政府又于 1664 年颁布了更为严格的限制政策，且这一"禁止穿戴国外蕾丝和装饰品"的公告在 1778 年又得到了重启。法国政府当局甚至还将服装的剪裁、面料和颜色的选择汇编成了法典。也不仅仅是法国，欧洲很多国家的王公贵胄都试图将时尚限制在自己阶层的领地以内，因为时尚就等同于财富和社会权力。朝臣们越来越没有自己随意穿衣的自由，因为国王将时尚传播的流程和程度都进行了限制，好让某些单品难以为平常人等所企及，以此来保留它们的稀缺性和独特性。

就这样，对时尚的消费和最新潮流的发源都被政府当局用"节约法案"这个控制消费并限定人民能穿什么、不能穿什么的手段把控住了。

这些法律让法国宫廷居于时尚的核心，并确保了最时髦的服装款式只能发源于贵族阶层。服装之所以能够反映出社会结构和功能的各个侧面，就是因为它不仅支持，而且还宣扬社会群体的等级化、规范化，以及它们的流动性或非流动性（Perrot，1994）。通过对服装上那些明显的标识进行展示，社会阶级之间的界限也就得到了保存，这个控制系统也完成了体制化。而随着社会变得越来越民主，阶级差别也变得越来越不明显，时尚的权威便从宫廷转移到了裁缝师和设计师身上。就这样，伴随着那些制造服装的人社会地位的确立，作为体系的现代时尚也被建立起来了。

法国大革命对时尚的压制

鉴于服装、时尚和外表对法国人来说都太过重要，因此改变人们的外表就成了瓦解传统意识形态的首要步骤（Hunt，1984）。事实上，这些即将在 1789 年导致法国大革命的影响力在路易十四上台之前就已经开始发挥作用了。在法国大革命爆发的前夕，法国有着繁盛的人口和一个破产的政府。一个人数剧烈增长但总的来说不能参政的中产阶级，一个没有实权的君主和无能的政府机构，一群能言善道的哲学家（他们对社会和政治黑暗面的批评吸引了大量的听众）就构成了"旧秩序"最后的局面。大革命的浪潮将法国宫廷的习俗跟贵族的特权一扫而空，连同被清扫的还有那些奢侈的物件，譬如锦缎、蕾丝、珠宝和裙撑 [10] 等。一个新型的民主社会开始成型，以及连同成型的还有人们的平等自由。在此之前的"旧秩序"时期，法国的各个阶层、职业和行当，例如贵族、牧师和法官等，都是通过他们的服装来让人们进行辨认的，而革命者虽然想要打破不公平的社会等级体系，但是他们仍然相信，服装可以透露出一个人的身份：你可以从他或她的穿着来判断出他／她的政治角色（Hunt，1984：82）。

在法国大革命之前，着装风格是区分有钱人、贵族和平民百姓的标志，所以革命者必须得把所有这些和君主制以及国王的身体有关联的象征性事物统统去除，因为这次革命的口号就是要和过去的旧制度一刀两断。不仅如此，这次革命还把之前一切的习俗、传统和生活方式都纳入质疑范畴（Hunt，1984: 55–56）。作为外表表现形式的服装则成为定义革命行为的一个重要方面。革命者将服装当作一种强有力的反抗社会现状的视觉符号：他们将服装进行简化，让其更像工作时穿的衣服。就这样，大革命在反抗旧制度时的视觉象征就是劳动者的粗布裤子和一种叫作"无套裤"和"sans-cravates"[11]的粗糙围巾。此外，从古希腊和罗马继承过来、曾经象征着自由的红色帽子也被用来传达革命者的共和情愫。对于外貌是如何被用作政治信号，亨特（Hunt，1984: 75）曾经作过如下解释：

"在1789年之后的早些年间，革命人士尤其想要对服饰的区别进行消除……某些个人装饰可能意味着对革命的忠诚或反感：一个人帽徽的颜色，甚至帽徽的材质（譬如羊毛就没有丝绸那么做作）都变得非常重要。到了1792年以后，社会平等也变成了一个服装领域里面越来越重要的考量。有些要求进步的官员也开始身穿短夹克、长裤，甚至是城市平民阶层爱穿的木底鞋。巴黎的激进分子也经常头戴红色的弗里吉亚软帽和自由帽[1]（当然是羊毛质地的），即便大多数中产阶级领导人对这样的穿着打扮都非常鄙视，并且仍然继续穿着马裤和有褶饰边的衬衣。"

不仅如此，鉴于法国的丝绸行业在大革命期间日渐衰落，人们也需要用别的面料来替代丝绸。新出现的薄棉和平纹细布实现了这一功能，并且也最适合当时流行的宽松飘逸的帝国风格12。人们在轻质透明的正装长袍里面几乎不穿或者只穿很少的内衣，而洛可可时期厚重而高耸的头型也被短发和小帽，甚至光头取代。总的来说，法国大革命让发源于法国宫廷社会的时尚趋于终结，因为它导致奢侈品行业的严重危机，而依靠师傅—学徒体系开展实操培训的行会体系也在大革命期间瓦解了（White and White，1965/1993: 27）。这项限制性因素的废除为服装制造商们开辟了把（制衣和面料生产）这两种活动结合在一起的新方法，并且后者很有可能非常有利可图。女性的时装很快便重拾它们更精致的形态，男装潮流也反映出了社会真正的变化，因为人们现在对工作和劳动赋予了积极的社会价值,且对参加劳作的男性有了更加正面的看法。对商人阶层，也就是新的社会精英阶层来说，这些新的着装风格最适合不过。

1848 年，法国又发生了一场革命：先是在路易·拿破仑·波拿巴王子（Prince Louis Napoleon Bonaparte）的领导下，法国政府被改组成了共和政府，后来的法兰西第二帝国（Second Empire）又将这位王子命名为拿破仑三世（Emperor Napoleon III）。在当时的各行各业当

---

[1] 古罗马时代给予获得自由的奴隶的圆锥形软帽，在 18 世纪法国资产阶级革命时期被当作自由的象征。——译者注

中，最欢迎这个君权帝国的莫过于布料贸易和时尚行业了（Saunders，1955），因为充斥着舞会和欢宴的宫廷生活又给新的时尚潮流提供了舞台，而时装的竞争也开始变得激烈。对于时尚是如何在法兰西第二帝国时期重又成为人们生活的重要组成部分，桑德斯（Saunders，1955：92）是这样描述的：

> "现在，妇女们对服装的痴迷到了让今人觉得匪夷所思的地步。女性的服装绝不能被等闲对待；人们谈论它，讨论它，甚至连男性也忍不住对它进行思考……有钱的妇女除了娱乐自己和娱乐别人之外几乎不关心别的，而她们的社会生活当中最不可或缺的部分就是对服装的展示。"

当然，路易十四的继承者们没有他那么时髦，但是皇后和交际花们仍然是时尚界的领军人物。那时欧洲的交际花跟如今的情妇或妓女很不一样，因为那时的交际花要得到宫廷——包括皇后的承认，才能被正式献给国王（Griffin，2001）。和上流社会的女性一样，她们要为出席的每个场合穿着不同的衣服，有时候甚至一天要换八套衣服。这不仅因为她们要赶时髦，还因为成功的交际花必须在一众时髦女性当中鹤立鸡群（Griffin，2001：44）。报纸和杂志将她们捧作时尚领导者，并把她们视如名人般对待。就这样，时尚文化又一次在法国复苏了；而到了19世纪50年代中期，法国时尚的影响力又一次覆盖了全球。在经历了法国大革命的洗礼之后，时尚仍旧是法国人民关心的要务之一，现代的定制服装体系也正是在这个时期被引入的。科芬（Coffin，1996：51）解释说，以前的妇女在置办新装的时候需要把自己事先买好的面料和辅料拿到裁缝那里去，并和裁缝一起进行设计，但是后来的定制服装屋已经开始同时出售面料、服装和款式，而这些元素组合在一起就被称为"时尚"。

结 论

随着欧洲的政治和经济实力开始向法国转移，并且封建社会和固化的阶层开始瓦解，从而使得向上的阶层流动成为可能，法国时尚在路易十四统治之下的 17 世纪中叶开始统领欧洲。在考伯特制定的经济政策的引导下，法国政府在发展那些国家所有且经营的奢侈品行业当中发挥了积极的作用，而服装的生产和销售也作为两个单独的体系而受到了管控；与此同时，节约法案也牢牢约束着人们的时尚消费，并将时尚的产生集中于法国宫廷。即便经历了战争和革命的洗礼，巴黎这座城市仍然维护了它作为时尚之都的声誉，而那正是构成现代时尚体系的基础——对于这一点，我将在下一章里详细阐述。

注 ————————————————————————————————————

1. 如果想要了解更多关于法国的服饰及时尚文化的深度历史研究，17 世纪及 19 世纪参见 Roche (1994)，18 世纪参见 Delpierre (1997)，19 世纪参见 Perrot (1994)，17 世纪上半叶参见 Godard de Donville (1978)。

2. 关于 14 世纪至 16 世纪的意大利时尚史，参见 Boucher（1967/1987: 203–205，222–225）。

3. 在松巴特（Sombart，1967: 9）看来，人们可以通过以下几个途径实现社会地位的提升：（1）通过贵族头衔的授予，而这要么是基于出色的服务，要么是基于捐赠一笔数目合适的金钱；（2）通过授予某种附带世袭爵位的勋章或职务；（3）通过购买某处附带世袭爵位的房产。贵族阶层的贵族特性之所以能够得到延续，是因为要获封贵族并不仅仅是靠拥有财富，还要求获封者具备一系列和中产阶级完全不一样的品质。比如和现实生活中的生意往来保持一定的距离，以及培养某种家族传统等都是进入贵族阶层的必要条件，而这些品质都体现在绅士们无一例外都要佩戴一个盾形纹章这一习俗之上。

4. 关于路易十四和他统治时期的时尚，仍可参见 Boucher（1967/1987:230–241，252–270），Ribeiro（1995）和 Roche（1994）。

5. 一条"大裙"（grand habit）指的是具有骨架紧身褡、露肩和肩部褶边的宫廷式连衣裙。

6. 据萨尔任托（Sargentson，1996: 7）考据，商人团体的历史很少有文档记载，并且和手工艺人的团体也很不一样。鉴于证据的匮乏，它们的财务、功能和意义不那么容易被明确地定义。

7. "六大社"包括批发布料商，金布、银布和丝绸的布商，哔叽的布商，布商性质的织锦制造者，缝纫用品商人和服装珠宝商人（Roche，1994: 277）。

8. 科芬（Coffin，1996:24–27,29–31）对法国对行会体系进行了详细的历史回顾。

9. 关于欧洲节约法案最为详细的描述可以在亨特（Hunt，1996）的研究里找到。

10. "裙撑"就是一种用金属丝、鱼骨或其他材料制成，在中世纪用来托起女士的裙摆并使它们往外散开的装备。

11. "culottes"是贵族身上穿戴的马裤，而"cravat"是贵族戴的领带，二者都是贵族的象征。

12. 法兰西第二帝国时期的裙子将腰线提高了，使得胸线下面有一条水平接缝，并且腰身也更窄。

第二章
法国现代时尚体系

到了 19 世纪，巴黎已经成为全欧洲乃至全世界的艺术中心（White and White，1965/1993: 8），并且是无可置疑的时尚中心，因为那里被人们普遍认为是好品位的象征。我所指的现代时尚文化也正是从那个时候开始崛起的时尚体系的一种表现。

这个时尚体系对时尚文化提供了体制性支持。19 世纪中叶的时尚体系当中出现的崭新面貌就是一系列体制性因素的组合，譬如同业公会的成立、对缝纫女工的社会安排、设计师之间的等级制度，以及定时举办服装发布会这一传播机制等，其中的同业公会更是将裁缝的社会地位提高到了时尚制造者的程度。可以说，这个包含了服装设计师和服装制造者之间等级序列的同业公会是法国时尚最重要的组成部分。在这个公会当中，每个设计师所占有的地位都对占有它的人有着不同的规则和规定，也就是说，这些位置对占有它们的人其实提出了特定的要求。在法国时尚的历史上，这个同业公会的结构经历了好几次体制变革，而这也使得新设计师们有机会进入这个体系，因为法国的时尚体系几乎得到了全世界的设计师和时尚从业者的认可和首肯。此外，该组织还随着社会环境和人们对服装的需求和生活方式的改变不断地进行着自我调整。通过对法国现代时尚体系社会机制的考察，我们就可以了解它对奋斗当中的设计师的影响和作用。要成为一个成功的设计师，人们对这样一个人的期待就是，他／她必须受到法国人的承认，虽然之前的时尚界文献当中从未清楚地说明这些法国人到底是谁。

此外，法国大革命当中各个行会的衰落和毁灭也促成了现代时尚体系的生成。正如我们在上一章里讨论过的，那时候的裁缝和制衣师——也就是我们现在称为"服装设计师"的那些人——是在一个非常僵硬的行会体系当中工作，那里盛行严格的规则和规定，而这些人又不能自己创造"时尚"；与此同时，那些引领潮流的人如果没有衣服穿也不能引发任何潮流现象。所以说，裁缝、设计师和潮流领导者们三者之间是互相依存的关系，即便他们之间有着严格的界限。在当时，引领时尚潮流的人士并不是裁缝，也不是设计师，而是时尚的消费者。那些制造并参与进"时尚"这一现象当中的人和那些生产"今后可能会成为流行"的服装的人其实是来自这个时尚产生过程当中的不同源头。时尚在法国的"旧制度"时期就存在了，并且法国在几个世纪的时间里都在这个领域里处于统治地位。但是，在此我的观点是：那个时期的法国没有任何机制来支持"时尚的产生"。作为体系的时尚是从 19 世纪中叶才出现的，并且从那时开始，该体系对时尚在法国的发源和扩散进行了掌控；

从某种意义上来说，这和路易十四以及考伯特所做过的事情有着相似之处，但是从那时开始，掌控时尚的人就变成了服装设计师。也就是说，最初是由国家控制着的时尚产生过程现在被一群时尚同业公会里的设计师给取而代之了。只不过，这个新生的现代时尚体系有着从"旧制度"发源而来的意识形态基础。正如在19世纪，尤其是在法兰西第二帝国期间，中产阶级的财富和人数增长为法国的绘画作品催生出了更大的国内市场那样（White and White，1965/1993: 78），那些中产阶级的妇女也在向往并模仿着上流社会女性的穿着。甚至于还有人说，19世纪的法国见证了中产阶级在物质和文化领域主导地位的崛起（Sombart，1967）。

于是，我在这一章节的研究就是围绕着成立于19世纪中叶的时尚同业公会而展开，因为要理解时尚就离不开对其组织环境的观察和考量。我首先分析了这个居于整个时尚体系当中核心地位的同业公会的背景和总体特征，然后讨论了它的各项功能和导致的后果。此外，我还会讨论时尚体系的社会结构对设计师产生的作用，以及设计师们对该社会结构的影响。最后，对该体系内的每一个机构的内部运作情况以及各个机构之间的关系，我也都给予了考察。这些机构和个人合在一起就产生了一种整体效应（图2.1），而它会让我们意识到这些机构和个人为了延续时尚文化，为了维持巴黎作为时尚之都的地位，以及为了维护法国时尚的奢华形象而做出的所有努力。

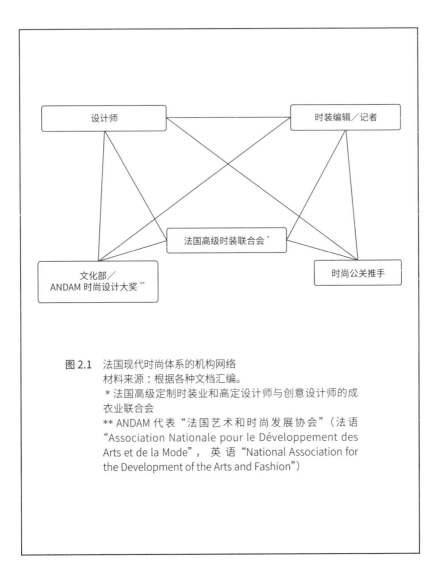

图 2.1　法国现代时尚体系的机构网络
材料来源：根据各种文档汇编。
＊法国高级定制时装业和高定设计师与创意设计师的成
衣业联合会
＊＊ANDAM 代表"法国艺术和时尚发展协会"（法语
"Association Nationale pour le Développement des
Arts et de la Mode"， 英 语"National Association for
the Development of the Arts and Fashion"）

1868 年以来法国时尚的体制化

在法国时尚体系当中居于中心地位的是"法国高级时装联合会"[1]，同时它也是世界上历史最悠久，并且也可以说是最具权威性的时尚机构。通过回顾该机构的编年史（表 2.1）可以看出，该机构的体制创新和服装创新之间有着显著的联系：该机构的结构变化和结构稳定影响了，并且继续影响着新样式、新类型的服装生产以及新秀设计师进入该体系。要知道，任何组织机构都是一个权力和权威的层级结构，而法国高级时装联合会也不例外。它是一个更大的社会体系当中的子体系，而这个更大的社会体系需要某种机制来让它变得合理合法、跻身正统。法国高级时装联合会就构成了这样一股特殊的权力，因为它能够对时尚施展自己的独立权威，形成一个区别于其他城市和国家的独特文化，并且对设计师来说也扮演了核心机构和价值体系的角色。事实上，各种组织机构都是一个更大的社会体系当中的子体系，而这些体系的存在一定会导致一些结果，不论它们是故意还是无意、受到人们的承认或是忽略。所以，我们需要去研究这些组织机构对个体、族群、社团和社会的影响。譬如成为法国高级时装联合会的一员就会让设计师享受到特权般的机会跟回报。鉴于组织机构的本质事实上是一种层级体制化的过程（Hall，1999），所以加入了法国高级时装联合会这个组织的会员设计师们也会在这个分层体系当中获得一个相应的位置。

---

[1] 2017 年 7 月 1 日起，该联合会已经改名为：La Fédération de la Haute Couture et de la Mode，也就是"高级定制与时装联合会"。——译者注

表 2.1

法国高级时装联合会编年史

1868	"太太小姐们的成衣和定制服装公会"（La Chambre Syndicale de la Couture et de la Confection pour Dames et Fillettes）成立。
1910	上述机构被解散。
1911	"巴黎高级时装公会"（La Chambre Syndicale de la Couture Parisienne）成立。
1945	法国政府对"高级定制"（Haute Couture）和"高定服装设计师"（Couturier）这两个术语进行了规定。
1973	"高级定制设计师与创意设计师成衣公会"（La Chambre Syndicale du Prêt-à-Porter des Couturiers et des Créateurs de Mode）成立。"男性时装公会"（La Chambre Syndicale de la Mode Masculine）也于当年成立。
1975	"法国国家手工艺及相关职业联合会"（L'Union Nationale Artisanale de la Couture et des Activités Connexes）被增补为法国高级时装联合会的准会员。

来源：法国高级时装联合会。

如果我们想要理解时尚的社会机制，那么就必须对法国高级时装联合会进行考察，因为整个法国的时尚体系都是依靠后者的中心地位、特权和意识形态而建立起来的。每个人都相信巴黎是全世界的时尚之都，并且征服那里对设计师来说就代表着成功——对此人们已经达成了共识，而这样一个价值体系必须被大众广泛接受而且认知才能确立。巴黎从查尔斯·弗里德里克·沃思（Charles Frederick Worth，1825—1895）[1]时期起就一直是高级定制的中心，这不仅是因为法国的国家主义和创意资源长久以来的传统，也是因为法国有着一个强有力的国家机构，叫作"巴黎高级时装公会"。巴黎在时尚界作为"奢侈、优雅、精致和品位的象征"这一地位维持了数百年，而它在此过程中使用了不少的策略和口号来宣传自己，并且对自己独特的历史遗产进行了充分的利用。在它向法国高级时装联合会的成员施展话语霸权的时候，巴黎的城市形象发挥了巨大作用。

正因如此，时尚在今天的法国仍旧是一个有着组织机构基础的高度体制化的体系；在这个体系当中，法国政府、贸易机构、时尚记者、编辑、公关、贸易展商和时装设计师们相互作用，并且每年六次[2]从世界各地汇聚到巴黎，以此让这个体系延续下去。法国的时尚体系是一个生产并消费这种高级形象和信仰的有组织的体系，并且它为服装提供了构成时尚的附加值。为了维持法国对时尚的霸权，时尚从业人士们已经做出了，并且仍旧在做不懈的努力来让巴黎的时尚活动和现象永久延续下去，而且他们还会一再强调，时尚是从巴黎诞生的。此外，巴黎也一直在吸纳富有创造力的设计师，好让自己一直处于时尚之都的地位；而在设计师们看来，巴黎对于吸引全世界的注意和认可来说是不可或缺的，因为他们需要这些认可来在时尚界里立足。可以说，正是这两种因素之间的互相交织才建构起了巴黎在时尚版图上的中心地位。换言之，设计师们需要巴黎，而巴黎也需要设计师。

只要设计师们想要获得认可，他们就需要被纳入一个已经建立起来的体制，那就是法国高级时装联合会。该机构的结构就是中央集权化这个概念的原型。事实上，这个组织的历史、体制基础以及功能实践从1868 年就开始了。自那以后，他们一直在对时尚活动和设计师的合法化进行着垄断。现如今，进入法国时尚体系仍然是法籍和非法国籍设计师的奋斗目标。人们相信，现有的审美传统是由他们建立起来的，新的创新模式也需要由他们来认可，因为法国高级时装联合会一直以来就是一个不容置疑的文化机构。要被纳入"高级定制"这个服装类别的标准是相当固定的（Hénin，1990）[3]，而要被定义为"高级成衣"的标准却不是那么的明确和清晰。随着一种新的现代时尚制度体系逐渐生成，人们对服装和时尚的专门化及集权化也产生了。

在功能上，法国高级时装联合会负责在所有的服装制造商当中建构出一个等级秩序。通过将高级定制和其他普通定制的服装区别开来，法国高级时装联合会向高定设计师赋予了远高于其他定制服装设计师的地位。而通过将高级成衣和其他普通成衣的设计师区分开来，它又把那些设计量产服装的设计师分为精英设计师和非精英设计师两类。事实上，服装设计师的社会等级秩序或多或少是和服装的生产过程相呼应的。我将法国的服装设计师分为三个类别，按照他们的地位降序排列分别是：

1. 高定设计师。他们的头衔是由法国高级时装联合会正式授予的，属于"巴黎高级时装公会"的会员，是时尚界的精英设计师。

2. 高级成衣设计师（Créateurs）。高级成衣的女装设计师隶属于"高定设计师与创意设计师成衣公会"；高定设计师们也是这个公会的成员，因为他们也都会设计高级成衣。那些设计男士高级成衣的时装设计师则属于"男性时装公会"。他们同样也是精英设计师群体的成员。

3. 造型师／企业设计师（Stylistes）。他们为那些大批量生产服装的公司进行设计。这些设计师多在各个城市的服装生产区工作，譬如巴黎的成衣批发中心桑蒂埃（Sentier）。他们属于非精英的设计师，并且这些公司内部设计师的名字也从不为公众所知。

高定设计师和高级成衣设计师都隶属于法国的现代时尚体制，而企业内聘的设计师则在这个体制之外。精英设计师相对于非精英设计师而存在。通过在不同类型的设计师和不同类型的服装之间进行区分，高雅文化和高级时装通过精英文化的审美趣味合法化这一点联系了起来。

事实上，如今的法国高级时装联合会的前身是由查尔斯·弗里德里克·沃思，也就是一位成功在巴黎立足的英籍服装设计师于 1868 年发起的一个组织。它原本叫作"太太小姐们的成衣和定制服装公会"，但是它对"成衣"和"定制服装"这两种服装并没有进行清晰的界定[4]。换句话说，我们从该组织的名字就可以看出，这两种服装的生产模式在当时几乎是没有区别的（Baudot，1999），不论是服装设计师还是他们生产的服装都没有层级秩序和社会区分。彼时这个机构的原型是巴黎的设计师模仿中世纪的行会模式而建，对成员从款式的盗版、发布的时间、展示的模特数量、与媒体的联系和宣传活动等各个方面都进行了规范，而它成立最初的目的是确保制衣行业里缝纫女工的劳动条件（De Marly，1980a），譬如给她们提供合适的保险和退休金计划或是带薪休假等。这些规定有很多直到今天仍在发生效力。对此，一位高级定制时装屋的老板这样说道：

> "定制工坊的工人都受到了非常周全的保护。法国的劳动条件非常好。事实上对一家公司来说，想要聘请20来个全职的缝纫女工是很昂贵的，因为你得要为她们支付各种福利和保险的费用。法国政府现在又在谈论什么每周35小时工作制，以此来取代40小时，这样以后（公司的处境）就更艰难。在每次时装发布会举办前夕，我们有时候会让工人在周六加个班，然后在发布会结束之后调休，但是让她们在周日加班是绝对不可能的。可是高级定制对法国来说又是不可或缺的，它们永远都不太可能消失。"

随着这些缝纫女工工作条件的就位，法国高级时装联合会的前身也让原本就开支巨大的高级定制生意更加难以维系。到了更近一些的时候，巴黎高级定制服装公会也开始致力于在整个制衣行业里强化自己的监管责任，包括员工福利、劳动报酬、福利津贴和劳动条件等。其结果就是，整个制衣行业对雇主进行了统一的安排，而不是像旧的体系那样，各个高定时装屋有着自己的雇用条件。

高定设计师和成衣设计师的地位提升

沃思是"Worth"这个设计师同名品牌的创始人，也是第一个将高端时尚开辟为一桩生意的人。这门生意将产品的价值聚焦于衣服的设计本身，而不是依靠产品和某个了不起的公众人物之间的联系（Hollander，1993：354）。在那之前，时尚一直都是上流社会妇女可以随意决断的玩物（Simmel，1904/1957），而定制服装的制衣师也一直都只是扮演着裁缝或缝纫女工的角色；不仅如此，那些收入微薄的缝纫女工更是经常被视作"贫穷"和"女性卑微地位"的代名词（Coffin，1996）。她们只能遵照富人阶层女性的指示，按照她们的设计进行剪裁，没有一点社会地位可言。在 18 世纪之前，这些裁缝和缝纫女工的名字很少被人提及（Perrot，1994：38）。就这样，一代又一代的裁缝在整个西方文明社会里默默地生活、劳作，然后寂寂无闻地死去。他们的上流社会主顾可以凭借自己的品位获得巨大的声誉，但这些服装设计师们的功劳却被湮没在这些主顾的品位里了（Hollander，1993：353）。

后来，沃思将顾客和制衣师之间的社会层级关系进行了反转。制衣师这个曾经在整个服装生产体系当中处于边缘地位的角色成了新体系的核心。随着行业机构的建立，"服装"的制造者们摇身一变成了"时尚"的制造者，而制衣师和服装设计师所扮演的角色也有了新的定义。他们不再是手工艺人或是高级一点的仆人。崭新的社会地位通过行业机构向设计师们赋予了新的权力和特权，而这和 17、18 世纪的法国艺术家的地位变迁非常相似。对此，怀特夫妇（White and White，1965/1993）曾经解释说,通过法国皇家艺术院(Royal Academy)赋予他们的新权力和特权,法国艺术家们为自己创建了一个新的社会地位;虽然艺术界的根本变革即将到来,但是这些法国艺术家仍然得以维持了较高的社会地位(White and White,1965/1993: 12)。利波韦茨基(Lipovetsky,1994)也曾经指出,创意工作者的社会层级跃升可以和一系列更早以前,也就是由一些雕塑家和建筑师在 15、16 世纪提出来的主张联系在一起;这些雕塑家和建筑师们曾经锲而不舍地为自己的职业寻求和手工艺行业迥异的地位,那就是人文科学。而按照现代社会的典型价值观,要晋升为艺术家并享有社会认可的过程被进一步提升了(Lipovetsky,1994:70)。

于是,服装设计师们也跟随了他们的步伐,积极鼓励人们将他们的技能也视作和诗人、画家一样高贵,并且表现得自己仿佛和贵族并无二致(Lipovetsky,1994: 70)。终于,他们也获得了被人们视作"天才艺术家"的承认。从文艺复兴以来,时尚作为一种社会地位和宫廷生活的象征已经毫无疑问地受到了一定程度上的尊敬(Lipovetsky,1994: 71),但是它只和那些穿着以及消费时尚的人士有关系。现在,则轮到设计师被人们和奢侈、品位、权力联系了起来,并把他们当作时尚的领导者。至于将物质层面的服装生产和非物质层面的时尚生产进行融合,沃思可以算是一个先驱,而这里的"非物质层面的时尚生产"实际上也就指的是一种信仰。时装设计师在进行设计的时候并不是为某个特定的顾客进行设计,而设计好的模板可以在不同的客户下单的时候被多次使用,而且这个模板还可以被出售或是出口到其他地方,只要购买者一直署设计师的名字并且保护它们的版权。就这样,全世界的高端时尚就开始和几个巴黎的设计师的名字,而不是几个高高在上的贵妇联系了起来

（Hollander，1993：354）。

1910 年，"太太小姐们的成衣和定制服装公会"被解散了，但是设计师们转而又在 1911 年成立了另外一个组织，叫作"巴黎高级时装公会"，并将成衣和定制服装区分开来，同时也让制衣业享有了特别的地位（Grumbach，1993；Lipovetsky，1994）。到了现在，成衣和定制服装之间的区别已经有了明确的划分。从 1945 年开始，"高级定制"和"高定服装设计师"这两个词语也受到了官方的规定和法律的保护。这也就是说，虽然人们在日常用语当中对它们的使用可以相对随意，但事实上，真正能够使用它们的只有那些已经得到了法国工业部授权的人士。留存至今的"高级定制"这一名词高不可攀的地位就是从那时候开始的。巴黎高级时装公会不仅控制着服装的质量，而且还对服装设计师的入会流程进行着筛选，同时也保护着那些设计并制作高级定制的设计师的社会地位。

不过，虽然受到人们注意和称赞的是时装屋的名号或是服装设计师本人，但是在背后完成那些复杂的刺绣和串珠活儿的却是那些熟练的手工艺人、缝纫女工和裁缝；隐藏在一件定制服装制作过程背后的又是法国源远流长且高度专业化的手工劳动传统。举例来说，做女帽的、制作手套的、制羽毛的、做刺绣的、做蕾丝的、做褶皱的、做鞋的、做珠宝的等各个种类的手工艺人都会参与到定制服装的创造当中来。1994 年，法国文化部向二十多位参与高级定制制作的手工艺人授予了"艺术大师"（*Maîtres d'Art*)的称号。1927 年，为了维持服装制作技术的质量和标准，法国又成立了巴黎高级时装工会学院（Ecoles de la Chambre Syndicale de la Couture Parisienne），用来专门培训缝纫女工 [5]。在这样一个体制之下，一个缝纫女工从学徒干起，最高可以做到"一级资格缝纫女工"（Qualified Seamstress with First Degree）这一级别。通常她在每个级别都会待上半年，然后就被提拔到下一个级别。要达到最高级别总共大约需要三年的时间，而每个级别的工人工资都是由女工工会和各个时装屋进行谈判协商而确定的（表2.2）。

不过，到了这个时候，高级定制时装屋的数量已经出现了显著的下滑（表2.3），并且这也体现在了这些时装屋聘请的女工总人数上。具体说来就是，后者从1996年的684人下降到了1998年的656人（Syndicat CGT，1998）。不过，虽然高级定制这一行当里不论是从业规模还是组织机构都出现了很多变化，但是唯一没变的就是高定时装屋本身的内部结构，那就是：设计师仍然处在这个层级结构的顶端，而学徒则位于底端。缝纫女工的地位是绝对不可能达到服装设计师的高度的，除非她们成立自己的定制时装屋——就像玛德琳·维奥内特（Madeleine Vionnet）在1912年做的那样。随着巴黎高级时装公会不断对规则进行修改和放宽以鼓励后起之秀，一个叫"法国总工会"（La Confédération Général du Travail）的时尚工人联盟从1997年开始就在时装周期间的多个时装发布会外面开展游行，以抗议高级定制时装屋的衰落和工作机会的减少。其实，她们捍卫的是曾经那个对她们的工作给予保障的旧秩序。其中一名抗议者就这样说道："我不是一名普通的缝纫女工，我是一名高级定制的缝纫女工。"很显然，她们视自己和其他制衣业的工人不同。该工人联盟称，高定时装并不是用以出售的衣服，而是一个施展创意的地方，同时它还对设计师的其他活动具有至关重要的公关宣传功能。正因如此，这些高定时装屋的目标不应该是通过它们

表 2.2

Nina Ricci 高定时装屋的缝纫女工级别制度和月工资（1998 年 7 月）

级别	月工资 *
二级初始缝纫女工	7550 FF ($1258) **
二级资深缝纫女工	8360 FF ($1393)
一级初始缝纫女工	9120 FF ($1520)
一级资深缝纫女工	
少于一年	10390 FF ($1731)
多于一年	11195 FF ($1866)
最多	11840 FF ($1973)

* 工资按照每月 165.5 小时计。
** 所有的货币汇率均为约计。
来源：Nina Ricci 高级定制工坊（已于 1998 年关闭）。

表 2.3

1872*—2003 年高定时装屋的总数量

1872: 684	1956: 45	1969: 21	1995: 18
1895: 1636	1957: 38	1970: 25	1996: 15
1945: 106	1958: 36	1975: 23	1997: 14
1946: 106	1963: 34	1980: 22	2001: 12
1952: 60	1966: 32	1984: 24	2002: 11
1955: 51	1967: 19	1993: 20	2003: 11

* 1872 年以前的数据查询不到。
来源：根据多种文档汇编。

（高定时装）来牟利（*Syndicat* CGT，1998）。

不仅如此，在 1976 年由巴黎高级时装公会为了鼓励创意而发起的"金顶针奖"（The Golden Thimble Award）也失去了赞助，只维持到了 1991 年。该奖项通常会被授予给设计出了当季最美时装系列的高定设计师（表 2.4），然而在巴黎高级时装公会试图于 1992 年重启该奖项时，17 个高定时装屋中有 9 个（包括 Christian Dior，Emanuel Ungaro，Chanel 和 Hanae Mori 等）都退出了竞争，于是该奖项也就此作罢（*Journal du Textile*，1993：47）。

为了维持巴黎的"时尚之都"地位而做出的机构性努力

自其创始以来，巴黎高级时装公会在维护巴黎的时尚文化方面就发挥着举足轻重的作用。事实上，该公会在第二次世界大战期间的历史就清楚地证明了巴黎是如何维持它在时尚界的霸权的——虽然这一地位的维持也需要付出极大的努力。此外，他们还在海外组织了很多贸易展和博览会来展示自己在时尚领域的领导地位。为了巩固考伯特的政绩，"考伯特委员会"于 1954 年成立，以便将法国的奢侈品正式合法化并发扬光大；更重要的是，为了维持法国时尚风格的高级定位，法国还对盗版问题进行了严肃的立法，违犯者将受到法律的严厉处罚。

高级定制在第二次世界大战后的复苏

第二次世界大战对法国时尚产业的冲击是巨大的。在法国被德占领期间，一系列的事件都证明了时尚产业对法国的重要性，那就是法国的

表 2.4

1976—1991 年"金顶针奖"的获奖者

	一月（春夏季）	七月（秋冬季）
1976	—	Madame Grès
1977	Pierre Cardin	Lanvin by Jules-François Crahay
1978	Louis Féraud	Hubert de Givenchy
1979	Pierre Cardin	Per Spook
1980	Emanuel Ungaro	Jean-Louis Scherrer
1981	Lanvin by Jules François Crahay	Emanuel Ungaro
1982	Hubert de Givenchy	Pierre Cardin
1983	Christian Dior by Marc Bohan	Pierre Balmain by Erik Mortensen
1984	Louis Féraud	Lanvin by Jules François Crahay
1985	Philippe Venet	Guy Laroche
1986	Jean Patou by Christian Lacroix	Chanel by Karl Lagerfeld
1987	Nina Ricci by Gérard Pipart	Pierre Balmain by Erik Mortensen
1988	Christian Lacroix	Christian Dior by Marc Bohan
1989	Guy Laroche	Christian Dior by Gianfranco Ferré
1990	Paco Rabanne	Lanvin by Claude Montana
1991	Lanvin by Claude Montana	

来源：根据多种文档汇编。

法国现代时尚体系

国家骄傲和身份的体现。当纳粹军队在1940年首次占领巴黎的时候，人们本以为纳粹会将时装屋都关闭，但是纳粹军官们真正想要的是将巴黎的时尚文化接管过来，以迫使法国人为德意志帝国服务（Taylor，1992；Veillon，1990）。德国人原打算将法国的高定时装行业整合为一个官方机构，并将其总部设在柏林和维也纳（Gasc，1991）；此外，他们还开始筹建自己的时尚产业，并由德国政府为其中的纺织品和成衣制造商发放大量补贴。不仅如此，德国人甚至还要求法国将自己时尚产业的高层人士送去德国开设制衣学校。对此，当时的巴黎高级时装公会主席卢西恩·勒隆（Lucien Lelong）这样反驳道（转引自Gasc，1991: 90）：

"你们可以用武力迫使我们做任何事，但是巴黎的时装业不可能被连根拔起，不论是作为整体还是分成几个部分。它要么就留在巴黎，要么就不复存在。任何一个国家都没有能力去盗取（巴黎的）时尚创意，因为后者的产生不仅具有自发性，而且也是传统的结晶，而维持这个传统的正是巴黎各行各业的大量能工巧匠。"

要知道，出口一件顶尖高定设计师的衣服就可以让法国购回十吨燃煤，而一升法国香水的价格也等同于两吨汽油（Gasc，1991）。所以说，假如法国在战争结束之时失去了时尚产业，那么整个法国未来的经济都会受到严重的威胁。也正因如此，法国的时尚产业和那些制衣的能工巧匠必须被留在法国。

在法国被德国占领期间，好几家高定时装屋都被迫关门谢客，譬如身为犹太人的雅克·埃姆（Jacques Heim）跑去躲了起来，爱德华·莫利纽克斯（Edward Molyneux）和查尔斯·沃思则去了英国。以曼波彻（Mainbocher）这个品牌闻名的曼·罗梭·波彻（Main Rousseau Bocher）和艾尔莎·夏帕瑞丽（Elsa Schiaparelli）则去了美国，虽然后者在巴黎的时装沙龙在战时还一直开着（Veillon，1990）。好在，大多数的高定时装屋，比如让·巴杜（Jean Patou）、让娜·朗万（Jeanne Lanvin）和尼娜·瑞西（Nina Ricci）等还是保持着营业。但是，对于那些仍在营业的时装屋来说，他们的主顾不再是来自世界各地，而是仅限于德国政府在法国当地的买办。有趣的是，这些设计师会故意在法国被德国占领期间把衣服设计得夸张而时髦，以此来戏弄那些德国人，同时也是因为，对材料和人工的任何节省都只会让德国人获益（Taylor，1992）。世界时尚之都和其他地方的联系被切断了（Laver，1969/1995）。那些留下来的设计师在法国被占期间仍然会举办小型的时装发布会，只是外界没有人能看到它们。那时的人们相信，法国的时尚霸权已经画上了句号，而原本一直唯巴黎马首是瞻的欧洲其他国家以及美国也只能去往其他地方寻找风格指引和灵感了（Lottman，1991）。

对于第二次世界大战时期巴黎城里的氛围，一位在 Reboux，也就是巴黎最负盛名的制帽店工作的工人[6]进行了如下解释（转引自 McDowell，1997：141）：

　　"那时候我们就用头戴大帽子来提升士气。毛毡没有了，我们就用雪纺做（帽子）。雪纺也没有了——好吧，那就用稻草做。稻草也没有了？好的，轮到经过编织的纸张上场了……帽子成了法式想象力和德国规定之间的某种较量……我们已经作好了没有食物、没有光

　　　　　　　　　　　　　　　　　　　　　法国现代时尚体系

源、没有肥皂、没有仆人的准备；我们准备好了要在人满为患的地铁上窒息，甚至走路去到任何地方，但是我们绝对不会衣衫褴褛、褴褛不整，因为我们毕竟是巴黎人。"

终于，勒隆还是成功地说服了德国人，并让后者相信：没有法国的文化传统（且这一传统只有巴黎才能提供），时尚产业不仅不能存活，而且在缺乏灵感的情况下，柏林和维也纳的时尚产业也可能会受到损害（Veillon，1990）。勒隆孜孜不倦的劝说似乎起到了作用，而他所做的努力也终于有了回报：法国的时尚产业最终得以留在巴黎并维持了自己的独立性。

法国解放之后，时尚又慢慢向巴黎回归了。不过，到第二次世界大战结束时，英国和美国的设计师已经随着不断发展的大众和成衣市场享有了更高的国际声誉。于是，这时候的法国定制时装产业知道，自己需要重新赢回那些海外的买家，尤其是美国的买家，因为后者当时已经不那么受巴黎及它的影响力所左右了。为了重振时尚之都，法国的艺术家和服装设计师们在 1945 年联合推出了"时尚剧场"（Le Théâtre de la Mode），也就是巡回展出一批用线框模型制作的 27.5 英寸高的人形木偶，只是这些人偶都身着定制的时装，以便在海外宣传法国的时尚。就像乐·伯西斯（Le Bourhis，1991: 128）所说的那样："对法国人来说，这不吝于一个希望的剧场。"

曾经，尼娜·瑞西（Nina Ricci）的儿子罗伯特·瑞西（Robert Ricci）想过要打造一个小剧院，好让每位艺术家都能在里面制作自己的装置，而那些由服装设计师装扮的提线木偶则会摆放在它们中间。艺术家和服装设计师在这里被赋予了完全的自由，可以任意创作他们喜欢的服饰。有的艺术家画了一座剧院或歌剧院的布景，还有些则选择了一天中的早、中、晚的场景，以便让不同的衣服在适宜的环境里得到展示（Garfinkel，1991）。前后大约有60位巴黎的时装设计师参与进了这个雄心勃勃的项目（Vaudoyer，1990），并且每个艺术家都是无偿为这项展览服务；各个时装屋也无偿贡献了制作展出的时装及帽子所用的劳力和原材料。这项活动不仅在巴黎高级时装公会的历史上是一个具有决定意义的时刻（那时这个公会还叫"巴黎高级定制服装公会"），并且在法国时尚的历史进程当中也是如此。1945年3月28日，这个展览终于开幕了（Charles-Roux，1991：24）。它是如此的成功，以至于展出时间还延长了好几个星期。一位法国的政府官员还专程写信给法国驻伦敦的大使说（转引自 Garfinkel，1991：76）：

> "我此番来信的目的是请您尽一切所能去帮助巴黎高级时装公会和《每日邮报》在伦敦举办的'时装剧院'展览，因为这个展览在巴黎取得了辉煌的成功，并且创造了一百多万法郎的收入……的确，法国没有多少东西可以供出口的，但是我们有着对美丽事物的鉴赏力和高定时装屋的出色技艺……"

后来，这项展览从巴黎又来到了英国伦敦、利兹，然后去到了巴塞罗那、哥本哈根、斯德哥尔摩和维也纳。此外，它还在1946年去到纽约，以及随后的旧金山，并且也都取得了巨大的成功（Le Bourhis，1991：131）。可以说，这次展览的主要目的是重拾并开发它的美国及欧洲客户，同时它也振兴了法国的高级定制，让巴黎以崭新的面貌重又作为时尚之都出现在了世人面前。

到了 20 世纪 50 年代早期，法国的定制时装屋又开始繁荣起来，而那些参加展出的玩偶们也完成了自己的使命，被它们的法国赞助商们抛却到一边，并且据说在后来统统被销毁掉[7]。1947 年，克里斯汀·迪奥推出了一个名叫"新风貌"（New Look）的新样式，在全世界范围获得了前所未有的关注，并将巴黎重新送上了时尚之都的宝座。可以说，如果没有巴黎高级时装公会所做出的种种努力，法式时尚和法国高级定制早就在第二次世界大战当中或是战争结束之后消失了。

考伯特委员会：对法国的奢侈品进行推广

法国的国家经济一直非常倚重奢侈品行业，其中当然也包括时尚行业。正如考伯特在 17 世纪做过的那样，法国一直都在对它所谓的奢侈品市场进行系统的推广，以维持"法国出产的商品奢华、高档且昂贵"的形象。毕竟，法国出产的奢侈品在整个奢侈品市场当中占据 37% 的比例，在 1995 年的总价值为 347 亿法郎（约合 57 亿美元[8]）（Piedalu, 1997: 19）。在全世界所有的免税商品销售额当中，法国生产的商品占 18%，另有意大利占 14%，德国占 13%，以及英国占 12%（Libération, 1990: 7）。

因循着考伯特的做法，随着高级定制在第二次世界大战后开始复苏，许多公司也联合成立了一家贸易机构来在世界范围里推广法国的奢侈品。"考伯特委员会"（Le Comité Colbert），又称"法国精品行业联合会"（下同）就是一个为自己的会员单位举办奢侈品推广活动的机构。从性质上来说,它是一家联合会,并且原本叫作"考伯特集团"(Groupement Colbert),由香水制造商让·雅克·娇兰(Jean-Jacques Guerlain)和服装设计师兼巴黎高级时装公会的前任主席卢西恩·勒隆于1954年创立,旗下有64家奢侈品公司(表2.5和表C.1),覆盖了10个工业行业,其中之一就是时尚和定制时装。该联合会为奢侈品行业扮演了大使的角色,并通过使用其成员公司生产的昂贵产品来推广"生活的艺术"这一理念。加入该联合会的方法就是投票选举,也就是说,每个成员单位在入会的时候必须得到75%以上的其他成员投票支持率,且在之后每年的全体成员大会上也是一样。据一位行业高管透露,该协会的会费在9万法郎(约合15000美元)和30万法郎(约合5万美元)之间,视成员的年度总销售额而定。

在这个联合会里属于服装/时尚板块的会员公司当中(表2.5),属于高级定制这一类别的有Céline、Chanel、Christian Dior、Givenchy和Pierre Balmain,而其他的La Chemise Lacoste、Jeanne Lanvin和Léonard则属于高级成衣。在香氛板块,Chanel、Christian Dior和Givenchy也都和服装/时尚板块里的设计师品牌相呼应。此外,香氛板块的Hermès和Lanvin同时也是高级成衣协会的成员,而同样也出现在香氛板块的Jean Patou和Yves Saint Laurent则是由两位和品牌同名的知名设计师主理,虽然他们的高定时装屋现在已经不复存在了。为了强化法国时尚的形象,考伯特委员会一直在世界各地对这些品牌加以宣传,同时也在政府的帮助下对各种时尚活动进行规范,以便从官方角度将这些品牌认作奢侈品。

所以说,法国的奢侈品比法国出产的任何东西都更有名不是没有原

表 2.5

考伯特委员会旗下时尚／时装和香氛
领域的成员单位

时尚／时装领域	成立于
Givenchy	1952
Christian Dior	1947
Céline	1946
Pierre Balmain	1945
Léonard	1943
La Chemise Lacoste	1933
Chanel	1912
Jeanne Lanvin	1889
香氛领域	**成立于**
Yves Saint Laurent	1962
Givenchy	1957
Christian Dior	1948
Hermès	1948
Lancôme	1935
Jean Patou	1925
Rochas	1925
Chanel	1924
Caron	1904
Guerlain	1828

来源：考伯特委员会（2002/2003）。

因的。这不单单是一个传统、形象和生活方式的问题，而是因为奢侈品行业在法国的国民经济当中是一股强势力量：它雇用着近 20 万劳工，其中包括 6.6 万直接受雇和 12.6 万间接受雇的工人，并且还是法国出口物品的主要贡献方。在过去 10 年里，由考伯特委员会的成员单位产生的利润翻了不止一倍（Le Comité Colbert，2003/2003），并且它们在全世界的各个地方以及人们的心目中都有着强大的商业存在感。

盗版问题

时尚传播和盗版问题之间存在着一个悖论般的关系，虽然盗版问题已经成了知名设计师和时装屋最大的担心。当品牌的形象和产品传播得太广，并在全球范围都受到欢迎的时候，设计师就不得不开始面对仿品的问题。事实上，巴黎高级时装公会和它旗下的设计师都对自身名字的版权非常敏感。然而讽刺的是，一个设计师的成功与否也可以通过市面上是否充斥着对他／她的作品价格低廉的仿品来进行判断。一位行业高管曾经表示（转引自 Deeny，1994b: 11）："时尚的要义就是被模仿，所以我们对别人来模仿我们一直是表示欢迎的，因为那就意味着我们的品牌仍然鲜活且成功。"另外一位处于职业生涯上升期的设计师也持有类似的看法："如果我的商标和设计像 Yves Saint Laurent、Gucci 或 D&G 那样被人模仿抄袭，我会感觉非常荣幸，因为那意味着我成功了，而人人都知道我的名字。"

"山寨"本身已经成了一个实打实的行业，它每年在全球范围产出的价值在 5000 亿法郎(约 830 亿美元)左右,等同于全球贸易总额的 5%(Vaysse,1993)。当然,这个数字里也包含了那些被仿冒的品牌的损失。

法国高级时装联合会联合法国制造商联盟及国家工业产权局（l'Union Des Fabricants et l'Institut National de la Propriété Industrielle）一起保护着时尚品牌的商标权，同时也对仿冒产品进行着打击。

偶尔，两个知名设计师之间也会出现一些版权纠纷，比如 1994 年，法国服装设计师伊夫·圣·罗兰（Yves Saint Laurent）就向巴黎的商业法庭提起了诉讼，状告美国设计师拉尔夫·劳伦（Ralph Lauren）的法国分公司抄袭了他设计的一款对襟燕尾服高定礼服裙（Deeny，1994a）。拉尔夫·劳伦的那条裙子刊在一份法国杂志 1992 年 12 月刊上。和圣·罗兰的那条比起来，它的纽扣颜色更深而翻领更窄。圣·罗兰的律师向法庭宣称（Deeny，1994a: 15）："这款燕尾礼服裙是圣罗兰时装屋的贵族传承的一部分，是一件独一无二的原创作品，因此不允许其他任何人对它进行抄袭模仿。"而对此，法官表示（转引自 Deeny，1994a: 14）："很多业内的成衣制造商也会生产燕尾礼服裙，但圣·罗兰先生是第一个把这种礼服裙的袖子剪掉的。"最后，这起诉讼的结果就是，商业法庭判处拉尔夫·劳伦抄袭圣·罗兰的罪名成立，并对拉尔夫·劳伦的欧洲分公司 Polo Ralph Lauren 处以了总计 220 万法郎（约合 39.2 万美元）的罚款，其中包括 100 万法郎（约合 17.8 万美元）的损失费、100 万法郎的已经售出了 123 套这款礼服裙的所得费，以及 20 万法郎（约合 35715 美元）对圣·罗兰潜在销售收入损失的补偿（Deeny，1994b: 11）。

从这桩案子当中，我们可以看出法国对待服装设计师创造的款式有多么认真。设计师的名字一旦获得认可，就蕴含了大量的价值，因此也就可以催生出丰厚的利润。如果说法国高级时装联合会的宗旨是创造巴黎设计师的品牌价值并使其合法化，那么它同时也在努力保护设计师的权益不受仿制行业的侵害。在约翰·加利亚诺为纪梵希创作的第一个高定大秀正式上演之前，他的设计和筹备是在紧闭的房门和关着的窗户后面进行的，没有任何人可以提前预览，且在正式发布的时候还要出具有设计师亲笔签名的放行单才可入场。

德马里（De Marly, 1980a: 111）也曾经指出，即便早在 19 世纪，那些定制时装屋都已经不得不去处理很多盗版问题。

> 的确，广告宣传极大地促进了贸易的发展，但是高级定制行业对这种产品宣传过程的参与却非常缓慢。譬如沃思在成立自己的时装屋之后，他也只是在行业媒体里打了一下广告，而那个时候，阻止他发布自己新款服装图样的最大障碍就是猖獗的盗版问题。换句话说，那时的裁缝和制衣师都会抄袭时装杂志上刊出的服装图样，假如一家高定时装屋允许杂志把自己的时装图样发表出去，那么这款衣服很可能就会被复制上百次，而这个款式的原创设计师却一分钱也拿不到。可以说，对设计的抄袭在沃思的时代就非常普遍。也正因如此，一家高定时装屋在宣传领域会面临许多的困难，也不得不在公开宣传自己产品所能带来的好处和未经授权的仿制导致的损失之间进行权衡。毕竟，如果一个女人可以请自己当地的裁缝仿造一条巴黎的流行款裙子，她便没有必要再大老远地跑去巴黎购买原创的设计了。

后来，照相技术的发明又更加刺激了其他裁缝去仿造服装设计师的设计，因为后者经常出现在时尚杂志里，而这对各个时装屋造成了巨大的困扰。于是，这些时装屋开始要求时尚杂志只能在他们当季的设计被记者、顾客和买手们看过以后才能发表服装的照片，并且这一要求一直延续到了今天。任何违背了这条规矩的时尚杂志此后都不会再收到该时装屋的服装照片（De Marly，1980a: 112–13）。

对巴黎设计师当中的后起之秀给予体制性支持

作为法国高级时装联合会的前会长，雅克·穆克里埃（Jacques Mouclier）（Deeny，1995: 20）曾经解释说："那些大师辈的设计师都已经到了六七十岁的年纪，比他们年轻一代的设计师现在也都到了45岁至50岁，而在那之后我们就后继无人了，所以必须得挖掘新人。"的确，很多曾经代表了法国时尚形象的设计师都在渐渐老去（Crane，1997a），而这一行的从业人员也感觉有必要去培养和支持新人，才能将这个行业继续推向前进。一个设计师的魅力不是一天就能塑就的，而设计师的职业生涯要永葆青春却很难。因此，为了鼓励新秀设计师加入高级定制行业，法国人做出了诸多努力。那些原本在1945年加诸高定时装屋的条款和要求（1945年也就是管辖生效的时间）在1992年得到了更新和简化，且更重要的是，它们更加能照顾到新秀设计师（Libération,1992)的需求。换句话说，这些规定和要求变得越来越宽松。1992年，法国工商部（Ministry of Industry and Commerce）正式宣布，他们将对高级定制的规定作出轻微的让步，而据当时法国工商部部长多米尼克·斯特劳斯-卡恩（Dominique Strauss-Kahn）的解释，他们这样做的目的首先是让年轻一代的设计师有机会能进入已经闭合的高级定制圈子，然后是为了让高级定制和时尚行业内的其他部分产生更加紧密的联系（Libération，1992）。这样做的结果就是，原本在那之前的好几年里，让－保罗·高缇耶（Jean-Paul Gaultier）和多米尼克·茜罗（Domonique Sirop）都只能作为准会员受邀发布自己的定制系列，现在则成了高定协会的正式会员：具体来说就是高缇耶在1999年入会，而茜罗则在2003年入会。此外，还有一些品牌——如俄国的 Valentine Yudashkin，意大利的 Valentino 和 Versace by Donatella Versace 等——也都受邀成为高定协会的正式成员。

可以说，法国高级时装联合会扮演着一个设计师和对设计师进行资助的政府这二者之间中间人的作用。1991年，该联合会又为"全国艺术和时尚发展协会"（I'Association Nationale pour le Développement des Arts et de la Mode/ANDAM）成立了一个新的分支，由法国文化部出资赞助，每年向设计师们给出一定数量的会员名额（会费为10万法郎，约合1.666万美元）。鉴于经济支持对年轻一代的设计师来说一直都成问题，法国高级时装联合会于是和 SOFARIS（一个旨在帮助初创公司的政府机构）开展了合作，由后者向这些小公司提供资助。他们为20栋由法国高级时装联合会指定的房屋提供50%的银行贷款担保，并且还和法国财务部商定，向各个时装屋提供价值100万法郎（约合16.666万美元）的拨款，前提是这些时装屋可以找到同等数额的其他资助（Deeny，1995: 20）。

高级成衣：始于 1973 年的成衣制度体系

所有的体制都很顽固（White and White，1965/1993: 100）。没

有一种体制结构——不论它有多受争议——会自动消失，除非有新的体制结构出现。因此，体制的解体还有着第二幅面孔（White and White, 1965/1993: 2）。随着新精品时装店的诞生，以及自由造型师、时装店、高档成衣以及设计师品牌成衣时装的出现，时尚产业暗藏的制度结构在 1965 年至 1975 年间发生了前所未有、既快又多的改变（Baudot, 1999）。可以说，在 20 世纪 70 年代，法国时尚产业发生的一个重要进步就是围绕着"设计师和工业"（Créateurs et Industriels）现象展开的，而后者也就是一个由迪迪埃·戈巴赫（Didier Grumbach）[9] 创立的利益联盟（Baudot, 1999；Grumbach, 1993）。该联盟建立在一个付费基础之上，目的是提拔一群在五年的时间里聚集在一起的设计师。戈巴赫当时是一家公司的执行董事长，而该公司生产的东西当中就包括为 Saint Laurent Rive Gauche、Givenchy、Valentino 和 Chanel 代工的产品。在戈巴赫看来，年轻的设计师也应该能享受到这些大设计师们享受的特权，那就是将他们的名字加诸一件产品或是一条生产线之上，而这个组织成立的目的就是重新定义成衣。也可以说，它是对具有鲜明巴黎特质的时装品牌进行的未来投资。与此同时，"créateur"（高级成衣设计师）这个词也应运而生，随后便被人们用来指代那些代表了升级版成衣的设计师们，而这些升级后的成衣则被人们叫作"Prêt-à-Porter"（高级成衣）[1]。第一批加入该组织的设计师有伊曼纽尔·卡恩（Emmanuelle Khan）和奥西·克拉克（Ossie Clark），随后还包括琼·缪尔（Jean Muir）、费尔南多·桑切斯（Fernando Sanchez）、罗兰·查卡尔（Roland

---

[1] 也就是直接从衣架上取下来就能穿的意思。——译者注

Chakkal)、三宅一生、让-夏尔·德·卡斯泰尔巴雅克（Jean-Charles de Castelbajac)、蒂埃里·穆勒（Thierry Mugler)、克劳德·蒙塔纳（Claude Montana)、安杰罗·塔尔拉兹（Angelo Tarlazzi)、米歇尔·克莱因（Michel Klein）和让-保罗·高缇耶（Grumbach，1993)。为了提携年轻的新锐设计师，该组织还会举办表演齐备的 T 台秀，并辅以恰当的指导、灯光和音乐。在 1971 年至 1973 年间，由这些成衣设计师们制造出来的衣服被人们和高级定制区分开来，而这也使它们远离了传统的定制服装沙龙。

1973 年，随着女性生活方式的改变，人们对高级定制的需求也随之下降，巴黎高级时装公会开始意识到成衣的重要性。于是，它和"设计师与工业"组织一起成立了女装业的"法国高级成衣设计师与创意设计师联合会"（La Fédération Française du Prêt-à-Porter des Couturiers et des Créateurs de Mode)。与此同时，一个针对男装的类似机构——"男性时装公会"也在那时成立了。虽然在那之前人们对成衣并没有什么分类，但是通过创造出"高级成衣"，也就是"昂贵的设计师品牌成衣"这个词，设计量产成衣的设计师被赋予了一种不同的地位和形象。不仅如此，到了 1975 年，"法国国家手工艺及相关职业联合会"作为附属会员被纳入法国高级时装联合会里面，而组成它的人是由法国各个行政部门承认的定制服装制衣师（图 2.2)。

法国政府成立这个新的机构的目的就是从地缘角度对时尚行业的权力和统治进行集权化，并且通过对这个产业进行细化，他们也预防了其他人为成衣设立一个独立的组织，或是为成衣设计师建立起另外一套价值评判体系。此外，内部的组织结构变化也通过不断演变的成员分布模

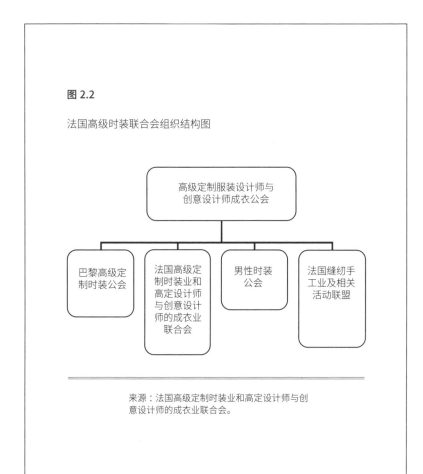

图 2.2

法国高级时装联合会组织结构图

高级定制服装设计师与
创意设计师成衣公会

巴黎高级定
制时装公会

法国高级定
制时装业和
高定设计师
与创意设计
师的成衣业
联合会

男性时装
公会

法国缝纫手
工业及相关
活动联盟

来源：法国高级定制时装业和高定设计师与创
意设计师的成衣业联合会。

式影响着他们的社会结构（Hall，1999: 16）。这种新的体系之所以获得成功，部分原因是它可以控制一个比高级定制服装体系更大的市场，并且在这一点上它也的确做到了。成衣设计师们既为新成立的高级成衣体系作出了贡献，也受到了后者的支持。与此同时，高级定制服装体系的衰落也导致高定设计师们与该体系渐行渐远，并渐渐转向了更为实用的成衣设计。从体制的角度来说，高级成衣比高级定制有着更为松散的结构，并且成为其会员的标准也不甚清晰。该体制的一位新会员曾经这样向我解释个中的流程，并且强调了成为会员的重要性：

> "你要将一封正式申请函连同你的发布会视频一起寄给丹尼丝·杜波伊斯（Denise Dubois），然后要不断地给他们打电话，确保他们收到，并且要努力跟他们约个时间见面。如果他们肯见你，那你入会的事就八九不离十了。在我看来，这事的决定权似乎掌握在杜波伊斯女士和雅克·穆克里埃[10]手中，所以如果你有认识他俩的熟人，你就有了近水楼台的优势。这里面靠的全是人脉。你得有人脉才能在这一行占得先机，而且你也一定要成为联合会的一员。"

在很长一段时间里，该机构的政策是不允许在巴黎发布自己作品的非法国籍设计师成为该机构的正式会员或准会员的（Deeny，1995: 20），但是自从雅克·穆克里埃在 1977 年当上会长之后，很多外籍设计师不仅成为准会员，而且还有很多成为正式会员，比如英国的维维恩·韦斯特伍德（Vivienne Westwood），比利时的德赖斯·范·诺顿（Dries Van Noten），日本的山本耀司、三宅一生和祖卡（Zucca）等。虽然法国的时尚体系一开始只允许高级定制的时装设计师成为体制内的会员，但随着它不断地发展，其疆域也在不断地扩大，新一类的设计师也被纳入进来，而这些设计师设计的就是现在被称作"高级成衣"，也就是"设计师成衣"的批量生产的服装。业内人士都知道，这种看不见的边界和疆域正是设计师们能否获得大众认可的关键。虽然不加入法国高级时装联合会或是不在时装周期间发布自己作品也有一定的概率可以成为知名设计师，但是加入这个联合会，或者说进入法国时尚体制内部却能加快这个合法化的进程。

总 结

随着"太太小姐们的成衣和定制服装公会"的成立，作为时尚之都的巴黎为现代时尚体系也奠定了基础。现在，时尚的产生是由设计师们发起并掌控了，因为他们在时尚体制的组织结构当中被赋予了更高的地位。成为该体制的一员可以让设计师成为官方认可的时尚制造者，而与此同时，大众也因此可以相信他／她设计出的衣服是"时髦"的，因为这些设计师已经受到了法国时尚当局，也就是法国高级时装联合会的首肯。另外，正如高级定制将自己区别于其他定制服装一样，高级成衣也将自己区别于普通的成衣。正因如此，很多人相信，高级定制是一个人在服装领域所能找到的最高品质的服装，而高级成衣也要比传统的普通成衣优越得多。就这样，法国的时尚体系为了在世界范围内宣传时尚的意识形态用尽了自己的一切所能。

注

1. 关于查尔斯·沃思的详细生平，可参见 De Marly（1980a,1980b），Saunders（1955），Gaston Worth（1895）和 Jean-Philippe Worth（1928）。

2. 在巴黎，法国高级时装联合会每年举办两次高级定制系列发布会，分别是在 1 月和 7 月，以及两次高级成衣系列发布会，分别在 3 月和 10 月，还有两次男士高级成衣发布会，分别是在 1 月和 7 月。

3. 巴黎高级时装公会规定，对于既有的高定定制工坊，需要满足的条件包括：（1）在自己的工坊里雇有不少于 20 个制衣工人；（2）在巴黎向媒体发布自己每一年的春夏和秋冬系列；（3）发布一个包含 50 套日装和晚装的系列。对于想要拓展高定业务的服装设计师，该公会对它们在入会头两年的要求是：（1）雇有不少于 50 名工人；（2）每次发布会至少要发布 35 套高定时装。

4. 虽然"高级定制制衣师"（couturiers）和"成衣制衣师"（confectionneur）之间并没有明显的界限，但是缝纫女工当中的等级制度早在 1868 年就被制度化了。

5. 这所学校的毕业生不一定会成为高级定制工坊的缝纫女工。她们当中有些会进入大宗生产服装公司，还有一些会成立自己的公司。

6. 制帽师就是一个制作、修饰、设计或出售帽子的人。

7.1985 年，这些玩偶被肯特州立大学（Kent State University）的斯坦利·加芬克尔（Stanley Garfinkel）发现于华盛顿州南部的马利丘艺术博物馆（Maryhill Museum of Art）。

8. 本书中所有的货币换算汇率都取的是近似值。

9. 迪迪埃·戈巴赫是法国高级时装联合会的现任会长。该组织过去的历任会长可参见附件 C 里的表 C.2。

10. 丹尼丝·杜波伊斯在那之后便离开了该机构，而雅克·穆克里埃是法国高级时装联合会的前任会长（1977—1999）。

第三章
法国时尚的全球扩散机制:
过去与现在

无论人类制造了什么,都必须对它进行宣传,好让公众知道它的存在和名气。与之类似,不论法国的时尚体系生产出了哪一种服装,它也都必须将其向全世界的其他地方进行传播,好让法国时尚的形象和名望得到持续的强化。宣传、生产和名望必须同时开展。因为社会价值兹事体大,所以人们需要一个专门的体系来对它进行评价。没有一种作为实践或想法的时尚可以不通过传播渠道来扩散,而法国在传播"时尚属于巴黎"这个想法方面就做得很成功。为了理解为什么说巴黎是时尚全球化的源头,我在这个章节就会对法国时尚传播机制的过去和现状进行考察。

在现代时尚体系将时装发布会进行体制化之前,时尚的传播方式曾经包括玩偶、插图、图样、杂志和贸易博览会等。虽然时尚的传播会在历史进程当中受到一些限制，例如频繁的革命和战争就会损害到巴黎作为时尚之都的地位跟特权，好在法国时尚最终还是战胜了这些考验。在 1794 年到 1796 年间，法国的时尚杂志是不复存在的（Ribeiro，1988: 50），在第二次世界大战期间法国被德国占领时期也是如此，因为那时候的时装进出口都是被明令禁止的，媒体报道更是趋近于零，因为那时的法国市面上几乎已经没有任何的报纸跟杂志（Lottman，1991: 55）。不过即便这样，巴黎作为时尚之都的地位也还是留存了下来，而这靠的全是巴黎人民对时尚的执着和坚持。

在现代时尚体系当中，服装制造者和潮流领导者的角色是融合在一起的，但是那些对时尚进行系统性传播的人还有一个专门的角色，而那些服装的设计者在时尚的传播过程当中反而没有扮演任何角色。换句话说，横亘在服装设计师和公众之间的是一些为消费者传播并过滤信息和素材的机构及"门槛把持者"。他们会参与进时尚文化的传播过程，并通过选择或拒绝发布者提供的内容来决定有哪些内容可以进入不同的受众关注的范围。这些人有权力去定义、传播以及宣传时尚，而我将在这一章节对"时尚门槛把持者"所扮演的角色进行全方位的分析，并突显巴黎的时尚体系在维护自己地位的过程当中让这些人的功能得到强化的状况条件。此外，我还考察了他们在时尚品牌的认知度和信誉度的建立过程中的重要性，以及设计师们对这种重要性的认知达到了什么程度。在"把持门槛"的过程当中，他们的肯定、解读和排斥都对设计师的各个作品和整个职业生涯起到了塑造作用（Powell，1978），而"把持门槛"这个词的意思就是指"对一个人或其作品能否有资格进入一个文化领域进行判断"（Peterson，1994）。

作为时尚传播策略的玩偶、图样、期刊和贸易展销会

一个设计师的优良声誉就是他/她才华和创造力的证明。为了创建一个那样的声誉或者说威望，设计师就必须将自己的作品进行展示以供人们评价，然后还要让它们经历一个系统性的校验过程，并且这个校验的结果未必总是正面的。如果没有声誉，想要证明一个人的设计才能就很困难。佩罗特（Perrot，1994: 40）曾经对设计师的声誉在 19 世纪的重要性作了如下解释：

> "除非是和某种声名联系在一起，否则才华就只是微不足道的资产：设计师先是作为一个名字被这里和那里提及，然后再有赞赏的声音从一个沙龙传到另一个沙龙。一个制衣师傅或者裁缝也可能成为一种突显社会等级的手段，让有钱人不论花多少钱也要享受到他们的服务，从而获得'优雅、时髦和独树一帜'的美誉——也就是那些会成为符号资本、可以转化为商业利润的标记。"

时装玩偶或许是最古老的时尚传播形式，因为人们最早是用它们来汇报最时髦的服装款式。这些玩偶用蜡、木头或瓷器制作而成，玩偶穿的衣服可以随着季节变换而改变，还有着与之搭配的发型、珠宝首饰和其他各种细节齐备的外套。也就是说，这些时装玩偶身上展示的服装都是最新款，并且细节十分完备。据罗奇（Roche，1994: 474）描述：

"到了后来，时尚讯息的传播很快又采取了另外两种主要的形态：数不胜数的'时尚大使'无心插柳般地将外部世界的做法传播到世界各地；人们会从服装的生产和制造中心、大型贸易集市，以及最重要的——皇家贵胄的人际网络当中去有意识地搜寻时尚潮流信息。王子和公主们会聆听观察者对这些时髦潮流的描述，然后要求后者把那些'时尚玩偶'身上穿的时髦服饰帮他们带回宫去。"

　　在一些人看来，在时装图样发明之前，关于最新时尚潮流的信息是如此难以获得，以至于连法国王后玛丽·安托瓦妮特（Marie-Antoinette）的制衣师都认为，每年带着身穿巴黎最新款时装的玩偶在欧洲大陆游历一圈是值得的（Laver，1969/1995: 147）。巴黎城中的所有店铺也都迅速组织了起来，参与进了这些身穿法国时装的玩偶的制造和打扮当中。在 18 世纪，这些玩偶每个月都会被从巴黎发往欧洲及世界各地，而那时全欧洲的宫廷贵胄也都仰仗这些巴黎商人发来的玩偶获悉最新的时尚潮流，并将它们陈设在商店的橱窗里（Roche，1994: 475）。用这些巡回展出的玩偶来展示最新的时尚潮流成了巴黎独一无二的传统。后来，正如我在第二章里介绍过的那样，这个方法又在第二次世界大战结束之后重新得到了使用，用来复苏在法国被德占领期间向外界关闭了的高级定制传统。就这样，一个衍生于中世纪习俗的"时装剧场"诞生了，而那个习俗就是：代表着巴黎式优雅和高贵的玩偶会被送到遥远的异国宫廷，以完成传播时尚的使命（Train and Braun-Munk，1991）。

　　从 16 世纪开始，时装图样或者说时装版画开始零星地出现，随后便渐渐将时装人偶挤出了资讯市场，因为它们制作起来更便宜，也更容易携带；另外，因为印刷媒体可以大量印制并调整的缘故，它们也还可以将时装图样传递到远超贵族圈子以外的地方（Roche，1994：476）。于是，从 18 世纪后半叶开始，法国开始向外出口时装图样（Steele，1988：36），时尚也开始得到了广泛的传播，而时装图样也成为一种不可或缺的时尚讯息来源。事实上，巴黎城中时装图样的数量从 1600 年至 1649 年间的 102 个迅速上升至了 1750 年至 1799 年间的 1275 个（Roche，1994：477）。很多国外的时尚杂志也都和法国的出版社签订了合同，想要对法国的时装图样进行复制，但版权法在那时并没有得到严格的实施，所以就导致某些图样直接被国外的一些杂志进行了盗版（Steele，1988）。与此同时，时尚信息更为广泛的传播和扩散让社会地位正在上升当中的中产阶级更容易接触到时尚，而这些人也正好对贵族阶层的着装偏好充满了好奇与向往。

法国有着世界上历史最悠久的时尚杂志，且这些杂志在塑造和指导公众的品位方面起到了重要的作用。大量的时尚期刊在 18 世纪呈现了爆发式的涌现；它们一边对时尚动态进行着报道，一边也对那些已经过时的时装人偶进行着取代，因为和时装图样一样，时尚期刊也可以作为那些既昂贵又娇气的时装人偶的替代品，并且毫无例外都获得了成功（Roche，1994）。到了 1750 年以后，法国的时尚杂志已经被传阅到了远超法国境内的地方。这些杂志参与重塑了它们的读者——也就是欧洲精英阶层的着装，而新的交流方式也使得一整套新符号及新的意识形态得到了传播和发扬，那就是把人们的世俗情感投射到事物的物质属性之上（Roche，1994）。现在，这套意识形态则建立在了坚实的国家及欧洲市场之上，如当时的《女士报》（*Le Journal des Dames*）杂志在

1761 年的发行范围就覆盖了 39 个法国国内以及 41 个国外的城镇。

后来，随着第一批配有插图的时尚杂志在法国旧制度时期（Old Regime）末的诞生以及新想法的出现，人们在 18 世纪 80 年代见证了大量高质量时尚杂志的创建。这些杂志对最新的时尚风潮、不断变换的社会情绪、昙花一现的潮流等对象都进行了报道，并对他们的读者就最新的时尚和社会政治事件开展了教育，而这也正是现代女性时尚杂志的发展的源头。人们对待时尚的方式发生了变化，而时尚也经常因为其本身的价值而受到描述或展示（Lipovetsky，1994: 68）。这些时尚杂志当中包括《时尚画廊》（Gallerie des Modes，1778—1787），它算是时尚杂志领域里的先驱（Laver，1969/1995: 144）；《时尚事务所》（Cabinet des Modes），它后来又改名为《英法新潮流杂志》（Magasin des Modes Nouvelles Francaises et Anglaises，1785—1789），并且提供了大量关于时装细节的素材（Lipovetsky，1994: 68；Ribeiro，1988: 20–21），还有英国、意大利和德国的衍生及翻译版本（Roche，1994: 487）。当然，这里少不了要提到《潮流与品位期刊》（Le Journal de la Mode et du Goût，1790—1793），因为它在文化历史当中扮演了一个至关重要的角色，并且在 1750 年之前创刊的那一波刊物当中可谓是无可争议的领导者（Roche，1994: 471）。到了 1789 年，时尚期刊在法国的出版界已经成了一门显学。

在历史上，从来没有任何一个历史时期当中的时装和政治像在法国大革命期间那样联系紧密（Ribeiro，1988: 23）。在法国大革命之前，任何刊物的印制数量都是有限的，并且传播发行也受到限制。是法国大革命使得宣传册和期刊的大量传播成为可能。到了 1789 年，时尚杂志很快捕捉到了巴黎城头变换的大王旗和时装之间的联系，而体现在服装上的政治效忠为《新潮流杂志》（*Magasin des Modes Nouvelles*）这样的期刊提供了丰富的内容。在法国大革命的早期，最受欢迎的时尚杂志是《潮流与品位期刊》，因为它最初几期的内容里充满了对大革命的热忱，只是后来这种热忱逐渐减弱，因为很明显，时尚这个和浮华、贵族有着千丝万缕联系的概念已经是无可救药了。到了 18 世纪 90 年代中期，市面上的时尚杂志已经绝迹了，并且连谈论时尚都成了政治上欠明智之举；关于时尚的记录——不论是纸质的还是富人身上穿过的实实在在的衣物——在局势变得稳定一点之前都非常罕见（Ribeiro，1988：23）。直到 1797 年夏天，时尚杂志才又重新回归到人们的视线，并且从《女士与时尚杂志》（*the Journal des Dames et des Modes*）的第一期开始又发生了复苏。在 1830 年到 1870 年间这段时间里，时尚杂志和时尚期刊迅速繁衍增长（Steele，1988：104）。到了 1890 年，这些杂志开始刊登照片，而它们的影响力也由此更上了一层楼。在每个欧洲城市，最新一期的巴黎时尚杂志都是抢手货。在这些杂志当中露脸的女演员和知名女性就是她们那个时候的时尚模特，还有像保罗·里贝（Paul Ribbe）和乔治·莱帕普（George Lepape）这样的插画家为这些杂志绘制的精美时装图样；可以说，这些杂志的内容覆盖了时尚和美妆领域的最新动向，以及一个现代女性生活当中的所有活动（Steele，1988）。

　　和 19 世纪法国绘画界的巴黎沙龙一样——它们在掌控评论、奖励和寻求官方认可的画家方面起到了举足轻重的作用——巴黎的时尚体系也鼓励服装设计师积极参与国际曝光，以赢得公众对法国时尚的兴趣。

事实上，19 世纪的法国也举办了大量这样的贸易博览会，譬如巴黎在 1855 年、1867 年、1878 年、1888 年和 1900 年都举办过大型的世博会（De Marly，1980a）。在 1900 年的巴黎世博会上，鉴于时装是法国的重要出口产品，法国政府希望能有时装设计师参与进来，于是政府就和时装设计师联合举办了第一届高级定制时装展。自那以后，时装设计师参与进国际博览会就成了常态。时至今日，举办博览会和国际贸易展览的传统仍然在时装周期间从更大的规模上提升着巴黎的形象。作为观众，你几乎每个月都能在巴黎撞见时尚相关的事件（参见附件 A 的表 A.3）。

现代时尚体系当中作为动员仪式的时装发布会

现在每年两次的体制化时装发布会最早发源于 1910 年的法国。这些时装发布会构建了一种系统性的互动，后者也就是同一个群体内部成员的互相影响。只有在互相影响的单元之间有着经常或规律性的联系的时候，它们之间的影响才是系统性的。服装设计师们举办发布会的目的是向时尚门槛把持者展示他们的作品。这些时装发布会最开始是作为贸易活动而存在，后来便成为时尚界的惯例。在过去 30 年里，传统的 T 台发布会已经从一种关起门来举办的私下商务交易变成了一项既像话剧，又像表演，还有点娱乐性质的广受关注的盛事（Sudjic，1990: 25）。正因如此，来自观众或消费者当中"这种衣服有谁穿得了？"或是"我可不想穿这种衣服"这样的评论对设计师来说其实是无关紧要的。虽然这些活动并没有宗教含义，但是它们却的确也包含了涂尔干提出

的"道德结合体"理论（moral solidarity）当中仪式产生的好几个要素
（1912/1965）。在涂尔干看来，要形成一个仪式的要素包括：（1）一
个群体的集体出现；（2）每个人都对一个共同关注的焦点有所认识；（3）
具有一种共同的情绪。一旦仪式开始，（2）和（3）就会循环往复并且
不断强化。这样产生的结果就是：（4）象征着群体成员身份的符号或"圣
物"的诞生；（5）参与者的感情能量。

通过每年带着共同的兴趣来几次巴黎——这个兴趣就是"肯定现有
设计师的才华并发掘新的人才"——所有在巴黎时装周期间参加活动的
人都重新确认了自己是"时尚圈成员"这一身份，并强化了"世界上最
好的设计师都出自巴黎"这一信仰。仪式会催生出情感联系和一种集体
意识，而这二者可以把一群人联系在一起构成一个群体，并让这个群体
被组织起来的方式变得无可置疑地真实。与此同时，参与者也会强化这
个群体里处于统治地位的成员的地位。假如我们对这些被群体和社团赋
予了极大重要性的仪式进行一番考察，我们就能发现，它们通常是将高
度程式化的礼制和大量人群的聚集联系在一起的。在所有个体身上反复
发生的仪式的互动就维系了人们对"巴黎是时尚之都"这一看法的信
仰。那些特定群体的时尚界精英也正是通过这种方式在不断地进行自我
复制。所以说，举办时装发布会不仅是一项贸易活动，而且也是一项文
化活动。

因此，每年参加两次巴黎时装周就让一个设计师具备了在巴黎成为
一个合格设计师的资格。如果他／她未能一如既往地举办发布会，那就
意味着他／她的地位受到了损害，除非他／她像法国设计师皮尔·卡丹
（Pierre Cardin）一样在 1992 年就停止了高定时装的发布，并且也不

再是高定协会的一员。时装发布会对时装设计师的重要性就像美术展之于艺术家一样，其意义就在于让时尚界的专业人士在此汇聚，进行互动以及发起评判。正如我的好几个受访者所阐述的那样，这对设计师来说就是一个"生死攸关"的事件，因为设计师的声誉非常仰仗"门槛把持者"的评价。一位行业高管曾经这样强调了参加时装发布会的重要性：

"时装发布会对设计师们来说非常、非常重要，因为那里是他们完全展露自己才华的地方。巴黎的成衣时装周从接受外国设计师这方面来说是最国际化的，虽然那个最耀眼的参会设计师必须是法国人。眼下，那个最耀眼的设计师就是让－保罗·高缇耶……只要你是一个服装设计师，你就会想要来征服巴黎／在巴黎出人头地。这里的竞争也非常激烈，因为每个人都想到这里来发展。米兰和伦敦相对来说就更封闭一些，因为外国设计师在那里受到的待遇有点像是客人，而对于非日本的设计师来说，东京的地理位置又太远了。"

另一位行业高层人士则补充说：

"假如一个人想要在法国成为一名时装设计师，并在时尚界的专业人士当中建立起属于自己的声誉，那么举办一场时装发布会对他来说就是头等大事。即便你没有办法让你设计的衣服大量生产，但你仍然也要举办时装发布会，并在每一季都坚持举办下去。你一定要参加巴黎时装周，即便你不在法国高级时装联合会的日程名单之上。只要你想成为一名正式的服装设计师，并让自己的名字为全世界知晓的话，你就一定要这样做。"

还有些设计师会故意设计一些耸动的款式，好攫取媒体的注意。一位从纽约来到巴黎的买手称："一个不同寻常的系列意味着你在下一季会收获更多的观众。设计这样一个系列的目的就是让这个新名字获得关注。"可以说，今天的时尚不再注重服装的适穿性和功能性，因为很多在 T 台上展示过的衣服并不会被投入批量生产或是在店里出售。浮夸或怪异的服装往往会引发公众的关注并起到宣传效应，进而促进这一品牌旗下那些更便宜并更有利可图的产品的销售，例如香水和打着设计师名头的彩妆。在一个如此重视外貌形象的产业当中，时装发布会将设计师想投射给公众的具体形象概念化了，虽然我采访过的很多设计师并不能将自己创造的形象用言语进行表达。身为在巴黎发展的日本设计师之一，川久保玲（转引自 Tsurumoto，1983: 99）曾经说过："我不是一个作家也不是一个理论家。对于一个创造事物的人来说，说太多的话是一种可怕的景象。"与之类似，另一个正在巴黎奋斗的日本设计师也表示：

　　"设计师其实并不善言辞。如果你能用语言来把你的内心世界解释清楚的话，那你就不用成为一个设计师了。反而，正是因为我们不能用语言来描述我们的感受，所以我们才选择用服装来表达。这也是为什么这个世界上会有时装记者和时装评论人，因为他们的工作就是向社会解析这些设计师想要传达的讯息。在这方面，他们要比设计师本人更在行。"

成为精英设计师：进入官方日程名单

组织并安排每一季的时装发布会是法国高级时装联合会的主要工作。一份即将在巴黎举办的时装发布会名单将被传递到全世界各个地方的时装记者和编辑的手里。每年最热闹的时装周莫过于在 10 月和 3 月举办的女士高级成衣时装周，因为这时会有一百多个时装设计师参加。进入日程列表的时装设计师享有使用官方秀场的特权，而后者位于巴黎卢浮宫的地下购物广场（Salle de Carrousel du Louvre），也就是在卢浮宫的正下方。据说，该场地的租金视空间大小从 22370 美元到 63985 美元不等（Weisman，1998: 24）。虽然即便没有出现在法国高级时装联合会的官方日程名单上，一个设计师也能举办自己的时装发布会，但是在这份名单上出现的意义仍然重大，尤其是在我们缺乏一个对设计师身份进行指认的正式标准的情况下。也就是说，要从事设计师这个职业并不需要你有任何的执照或资格认证。有的设计师甚至都没有经过正规的时装教育和技术培训。也正因如此，一个设计师需要合法化，也就是受到大众的认可，而这份官方日程名单就为设计师们提供了获得认可和肯定的唯一途径。一位首次登上这份日程名单的设计师表示：

> "我把一个系列做了五遍都没能进入法国高级时装联合会的官方日程名单。后来我不停地给他们打电话，要求他们把我的名字加进去，但却一直找不到一个可以话事的人。我甚至想直接跑到他们办公室，给他们看我的设计图样，向他们展示我作为一个身在巴黎的设计师都做了些什么。的确，要进入这个名单不用你付钱，但是那非常困难。这个协会非常挑剔，并且你也还得有些人脉。后来，我发现服装

设计师得和公关推手联手。就在我和一个外面的公关公司联系的那一瞬间，我的名字就上了官方日程名单。我甚至都不用给他们看我设计的服装图样。我想，是否出现在那个名单上的区别就在于来看我发布会的观众人数多少，但是对我来说最重要的是，在我上了官方日程名单之后，那些和我一起工作的人变得更有动力了。我所有的朋友和员工看到我的名字上了官方日程名单都又惊又喜，因为这意味着我突然成为一个正式的设计师。人们看你的眼光都不一样了。"

一位公关推手也对此表达了类似的观点：

"法国高级时装联合会非常官僚主义，并且要求你一定要具备一些经验。在最开始的几次，你会被安排在官方日程名单的最后，但即便如此，登上这份名单也是很重要的，因为记者们在时装周期间就会根据这份名单来安排去看哪些秀。假如你不在那份名单上，那么时装记者就不会发现你，除非你到处去自我宣传。"

虽然要正式成为高级定制协会的成员有着一定的标准，但是要进入高级成衣时装周的官方日程名单却没有正式的规程。高级成衣协会的正式会员（参见第四章的表4.2）对发布会的时间和档期安排有着绝对的优先选择权，而那些不是会员的设计师则只能任由法国高级时装联合会为他们指定一个档期。对此，一个年轻设计师这样解释：

"如果一场发布的时间是在早上或深夜，那些时装记者就不太会赶来参加。如果一场发布会被安排在整个时装周快结束的时候，那么很多记者因为届时已经看过了那些最重要的大秀，因此也不太会留到最后去看那些名不见经传的小设计师。如果一场秀被安排在两场重要大秀的中间，比如 Yves Saint Laurent 和 Christian Dior，时装记者们也多半会跳过中间这场，以防没有足够的时间从前一个地址去到下一个地址。不过，假如你还只是这份官方日程名单上的新人，那么不论你被组织单位安排到哪个时间，你都只能接受。"

在每届巴黎成衣时装周期间，服装发布会举办的场次数量已经越来越大，并且日程变得越来越拥挤。虽然设计师们在选择邀请哪些记者去看秀的时候不乏挑剔，但是鉴于这些发布会的巨大数量，时装记者在决定要看哪些秀的时候也会做一些取舍。对于时尚从业人士来说，发布会举办的日期就成了一个重要的考量。巴黎、米兰、伦敦和纽约这四大时装周在时间上从不重合，因为参加这几个时装周的几乎都是同一批人，主要都是时装记者和编辑。现在，米兰和纽约时装周的举办时间排在了巴黎时装周的前面，而很多法国时尚的从业人士也将它们看作巴黎时装周的竞争对手。法国高级时装联合会现在正在努力对巴黎时装周的日程进行拓展，好让它的持续时间延长，以便让法国本土和海外的设计师都在巴黎时装周上得到很好的呈现，而投票决定这些事宜的正是法国高级时装联合会的成员。

在每一季的时装周开始之前，受到法国高级时装联合会认可的外国时装编辑和记者手上就会收到一份参会申请表和一份规则通知。为了获得官方的认可，他们必须再另外提交一份申请表，里面包含他们就职刊物的发行量和读者类型等信息。然后，法国高级时装联合会就会向它的会员设计师们发布一份根据国家和刊物分类的可能会来参加巴黎时装周的时装编辑和记者的名单，里面还附有这些编辑和记者的联系方式和电话号码。这也就是说，被纳入法国高级时装联合会的官方日程名单的一项特权就是这些设计师会收到这份时装编辑和记者的名单。为了拿到这份名单，有的设计师甚至愿意不惜一切代价。譬如一位还没有被纳入官方日程名单的设计师就另辟蹊径地拿到它：

> "我有一个朋友上了官方日程名单，然后他就把这份名单给了我。这些（上了官方日程名单的）设计师本不应该把这份名单交给别人，因为这是被纳入法国高级时装联合会的官方日程名单的设计师才能享受到的特权。不过我的这位朋友让我复印了这份足有五十页长的记者名单，上面有三千个左右的名字，而我每一季大概会发出八百至一千份邀请函，最后真的来看我秀的大概有三百个人。"

可以说，能够在巴黎展示自己的作品就向成功迈出了一大步。这些时装编辑和记者对自己手上的权力有着充分的认识，而这些设计师也一样。一位设计师就这样解释一个曾经发生在某个时装发布会上的事件：

> "那是我第一次举办时装发布会，某个大刊的知名记者在开场前几分钟走了进来，然而她的邀请函上却没有贴一个特别的标签，那个标签的意思就是这个人非常重要，一定要让她坐在最前排。但就是因为她没有这张标签，一个守在门口的女孩就把她安排到了第三排！你

能想象不让她坐在第一排吗？很显然她非常生气，于是后来她干脆起身坐到最后一排去了，而这让观众席一度非常躁动，因为每个人都知道这个女人总是会被安排坐在前排的。后来，还是另一个坐在前排的女士起身把自己的座位让给了这位著名的记者之后事情才算平息。这对我们来说简直就是一个噩梦。"

后来，这场发布会再也没有在她的刊物里被提及，并且她再也没有出席过这位设计师的发布会，甚至不允许她的任何一个助理去参加。后来那位设计师给她写了一封道歉信，甚至还送了一盒巧克力过去表达歉意，但是仍然没有起到什么作用。可即便这样，这位设计师还是一直会向那位记者寄送邀请函。对于这些门槛把持者所扮演的角色，设计师们都非常清楚，且他们的出席对发布会来说也十分必要。一位年轻的设计师向我吐露说，他曾经专门给时装记者安排了一辆小型厢式车来把他们从前一场秀拉到他自己的秀：

"我的发布会推迟了两个小时才开始，因为我想等候那些大刊的编辑们莅临。安排在我前面发布的是 Chloé，而它的设计师斯特拉·麦卡特尼（Stella McCartney）是披头士乐队成员保罗·麦卡特尼（Paul McCartney）的女儿，因此当然没有编辑或记者会想缺席她的发布会了，于是我们就干脆安排了一辆厢式货车等在她的发布会外面，好接这些编辑记者。"

大部分设计师都会承认，他们的衣服销售利润和杂志刊物上的曝光量之间并没有直接的联系，但是从长远来看，后者还是有助于设计师名声的传播，因为被杂志报道就等同于是免费的宣传，尤其是对那些尚且还负担不起杂志广告费的品牌来说，因为这些刊物有着非常大的发行量。没有这些时尚杂志，时装设计师就没有办法获得公众的认可。对一些店铺买手来说，一个设计师是否会在巴黎举办发布会也是非常重要的考量因素。对于为什么说发布会是形象塑造的一部分，一位设计师进行了如下解释：

> "我一般都会选择适合我衣服形象的场地举办发布会。服装的形象非常、非常重要，因为我们工作的本质就是出售形象。形象就是一切。一旦你的形象受到了损害，想要重塑它或是重建它就很难了。此外，设计师的形象也应该和自己设计的服装具有一致性，因为那才是吸引消费者的源泉。人们会因为那个形象一再地回来购买你的衣服。实际上他们买的就是我的形象而不是服装，而在巴黎举办时装发布会就可以塑造并强化我作为设计师的形象。"

对设计师来说，时装发布会给他们提供了一个展示自我形象的机会。时尚发展到今天已经不再是关乎物质的衣服，而更多是关乎设计师投射的形象。发布会制作公司的老板就曾经这样表示："到最后，你还是会希望那些看过发布会的记者编辑写一写这些衣服……对一场发布会来说，你需要争取尽可能多的媒体报道。"

时尚门槛把持者：时装编辑、记者和公关

法国在塑造艺术新闻报道的语言和标准方面占据的强势地位（White and White，1965/1993）也反映在时尚新闻领域。作为时尚评论人的时尚编辑和记者也是这个体系的一部分，而他们的措辞也间接塑造着设计师的魅力。对画家来说，这个评价体系包括画廊、拍卖行、策展人、艺术期刊、艺术评论人和其他艺术家（Becker，1982）。对作家来说，对应的部分包括出版代理、出版社、书评人和评论员（Clark，1987）。这些人都在一种文化的维持过程当中扮演了文化掮客的角色。在时尚领域，时装发布会则被用来规律性地调动那些时尚门槛把持者，因为它们向后者提供了可以评判设计师的机会。负责时尚在全球传播的主要门槛把持者包括：新闻记者、时尚杂志的编辑、时尚公关推手。为了避免在讨论中出现混淆，我会在下文将那些在报纸上写文章的称作时装记者，而将那些代表时尚杂志的称作时装编辑。时装编辑和记者对时尚的参与都是直接的，而时尚公关推手则在设计师和纸质以及电子媒体的写作者中间扮演了一个中介的作用。

时装编辑和记者

时尚作者们所使用的媒介——譬如报纸和杂志等——也促进了时尚的体制化。不过，虽然他们都起到了传播时尚的作用，但是他们的目的却各不相同。时装记者更像是时装评论人，而时装编辑则更多是向公众介绍新的设计师和新的款式，并将设计师的形象传递给公众。在巴黎时装周期间，法国的大型日报每天都会对时装周上的发布会进行报道。即

便是在没有举办发布会的时候，这些日报每周也至少会发表一到两篇关于时尚或设计师的报道。巴黎一位非常有影响力的时装记者就曾经在向我解释时尚新闻报道的意义以及时尚新闻报道与时尚杂志之间的区别时这样说道：

> "时尚新闻报道和其他任何一个领域的新闻报道一样，关乎的是你如何去做一个记者，并向你的读者传递关于时尚创新、发明、买哪种产品以及其中涉及的人们的性格与追求、不同的品牌背后的财务背景等信息……当然，时尚编辑同样也有评论人的功能，就像艺术、电影或话剧的评论人一样，他们会对时装发布会进行评判和分析。但是我相信，新闻报道这一块才是新闻业的核心，而时尚杂志扮演的是一个完全不同的角色：他们塑造形象，并用这种形象来定义时尚的变化。这当然也很重要，但是因为他们的生存依靠的是时尚品牌的广告，所以他们不太会有批判精神，而且对所有的设计师都很好。"

至于时装评论在决定一个设计师的名誉和声望方面到底能起到多大的决定性作用，这无可测量。不过，鉴于评论人一是在品牌的潜在消费者和实际消费者之间，二是在创意人和生产人之间都处于中间人的位置，那么我们可以说，他们的确在时尚体系当中占据了一个关键性的位置。不论他们的评论是多么正面或负面，他们的存在都是不容忽视的。一位设计师对此就曾经明确地表示：

> "即便他们给出的评价非常难听，那仍然比被他们忽视要好。不

过要做到这一点，他们首先得来看我的秀。但是要请到他们来看秀真的非常困难，因为我想请的不是那些助理编辑，我希望请来看我发布会的是那些刊物的主编，因为只有他们才有权力决定哪些设计师会最终出现在他们的杂志里。"

虽然大部分时尚杂志一个月仅仅出刊一到两期，但是这些杂志——尤其是那些法国的时尚杂志——力量所在却是他们遍布全球的发行量。和法国 18、19 世纪的时尚期刊相似，这些在第一次世界大战和第二次世界大战后涌现出来的时尚杂志——例如 1937 年创刊的 *Marie-Claire* 和 1945 年创刊的 *Elle* 就对包括时尚在内的女性生活方式有着深远的影响。一份巴黎刊物的总体名单（Zeldin，1977：552）就显示，巴黎发行的时尚杂志的数量从 1881 年的 81 份增长到了 1901 年的 127 份，后来又在 1930 年增长到了 166 份。法国时尚杂志的发行不仅在巴黎，而且在全世界范围内都为时尚的传播作出了巨大贡献，比如 *Elle* 就在全世界以 30 种不同的语言坐拥 340 万册的发行量（Falcand and Mongeau，1995: 34）。通过编辑撰写的文章和广告，设计师的名字和视觉形象也得到了反复的散播，于是人们就会记住这些代表华丽、时髦、新潮和财富的名字。

朗·库尔特和朗·格拉迪丝（Lang and Lang，1961：465）对迪奥在 20 世纪 50 年代创造"新风貌"的社会进程作了如下解释：

> "新风貌"（圆肩、沙漏型的服装款式）在 20 世纪 50 年代的流行是有预谋的。它最开始由一些知名设计师采用，然后受到了皇室成员

和社会名人的认可。后来，迪奥打算要把"新风貌"扩散到更多的受众里去。于是，一场大规模的、有组织的公关活动就由此展开了。最开始的时候一定要有图片。当时的女性不仅要听到有关这个"新风貌"的消息，还要让她们亲眼见到。Vogue 和 Harper's Bazaar 也对"新风貌"进行了隆重的介绍，而当其他一些时尚杂志开始对"新风貌"进行报道的时候，它在人们眼里看起来已经很熟悉了。

后来，这个由克里斯汀·迪奥先生创造的新潮流就通过某些久经考验并井然有序的渠道开始向公众传播并出售。正如朗·库尔特和朗·格拉迪丝（Lang and Lang，1961）所指出的那样，这些交流的网络早在"新风貌"出现之前就存在了，而人们着装风格的改变则是一个源于时尚产业的想法在宣传和公关的双重作用下产生的初步结果。

与此同时，对设计师的报道同样也是一本刊物为自己创造形象的一种反映。在报道的内容是否适合自己的读者方面，编辑是要进行一些判断的。事实上，关于设计师和时装发布会的杂志文章是行业公关和宣传的一种延伸。时尚行业的公关活动和设计师创造的单品类型之间其实也存在着某种联系。一位杂志编辑对这种联系作了如下解释：

　　"我曾经想要联系一位著名的法国先锋设计师进行采访，但是他拒绝了我的采访请求，因为他的公关负责人认为我们杂志的形象和设计师的形象不吻合。我们杂志主要针对的读者是对时尚感兴趣的中年妇女，而假如这位设计师出现在这样一份杂志里，就可能会损害到他的形象。这就是他们给我的解释。"

另外一位替一个年轻的先锋设计师工作的公关推手也强调了杂志形象的重要性：

> "时装杂志的编辑通常会打电话来找我们借一些单品去拍大片，但是假如这本杂志的目标读者和我们的客户群并不吻合，那我们就会拒绝借给他们。我们不希望自己设计师的衣服出现在——举例来说的话——保守、无聊的女性杂志上，因为那将混淆我们设计师的形象。对于控制和维持设计师的形象，我们非常小心，因为一旦这个形象被打破，想要重建是非常困难的。"

没有时尚可以不通过纸质媒体传播。时尚杂志编辑和时装设计师在打造设计师的形象方面是互相依靠的，并且双方都对维持这个形象以及维持杂志所吸引的读者类型非常谨慎小心。时尚杂志通过时装的视觉形象和读者进行交流，而时尚摄影则与女性被看待的方式息息相关。事实上，在时尚杂志和摄影师之间也存在着一种与设计师的地位息息相关的状态链接，而这也是同属于一脉关系网当中的人所共有的元素。作为好品位传递者的时尚编辑创造出的是美学规范和女性的理想形象，但是这些规范和形象很多是在职业化妆师、造型师和发型师的打造下经过精心塑造的幻象。

公关推手

在服装设计师和时尚编辑中间还有人扮演着中间人的角色，那就是公关推手，包括品牌内部的公关和自己独立运作的公关。通常来说，已经成名的设计师会为自己聘请专门的公关团队，而年轻一代的设计师通常会跟外面的公关公司签订合同。公关推手的工作就是将设计师推介给适合的时尚杂志，因为每本时尚杂志都有着一个对设计师的形象来说是特定的目标受众。公关推手们要负责品牌标志的形成，并且要对设计师的衣服会出现在哪些杂志上面进行小心翼翼的挑选，以便让他们的产品被适合的读者看到。一位时尚公关解释说，这些都是时尚行业生意的一部分：

> "我知道我这样说不好，但是我通常会选择那些富国的时尚编辑和记者，因为只有那里的消费者才有钱去买设计师的产品。我很少会给第三世界国家的时装编辑和记者寄送邀请函，因为他们的读者根本买不起我们宣传的东西。时尚就是一门生意。设计师也要赚钱，而我们公关推手的工作职责就是帮他们赚钱。"

那些在这种形象塑造活动当中至关重要的时尚大刊包括：*Vogue*、*Marie-France*、*Elle*、*Jardin des Modes*、*20ans*、*Madame Figaro*、*Cosmopolitan*、*Biba* 和 *Dépéche Mode* 等。公关推手们和这些时尚刊物的编辑记者有着覆盖全球的紧密联系，且他们有着足够的影响力让这些时尚写手坐进某个设计师的发布会现场，即便该设计师的名字还不在法国高级成衣时装协会的官方日程名单上。不过，一位公关公司老板也并不否认地说，她的个人品位会影响到她选择跟哪些设计师进行合作：

> "我从不会和一个作品不合我口味的设计师做生意。如果我不喜

欢他们的衣服，那我就没办法开口为他们说话。我觉得这和做销售是一个道理。假如你不喜欢你要推销的产品，那么你要把它们卖出去就很难，不是吗？所有跟我合作的设计师设计的衣服都是我喜欢的类型，而我也喜欢作为创造者的他们。设计师必须了解人性。服装其实都是关于人性。我不想和没有潜力的创作者一起工作。"

换句话说，这些公关推手的工作就是让设计师变得成功且出名。那些时尚门槛把持者们声称，对时尚作品保持客观性是不可能的，或者至少说是存疑的，并且在宣扬自己的主观性时也毫不尴尬。一位时尚大刊的时尚总监就曾经表示（转引自 Sainderichinn，1995: 22）："一份好的时尚杂志就应该是主观的，否则的话，它就只是一份产品目录。正是它的主观性……让一份杂志有了自己的性格。"所以说，设计师们要么必须找对合作的公关推手，要么就得先让这些人满意，直到他们设计的作品被公众所知晓。

而以上这些时尚编辑、记者和公关推手正是作为"时尚门槛把持者"存在的。桑托（Szanto，1996）曾经将"正统性"（legitimacy）解释为艺术界对价值的衡量，也就是那些构成了文化产品之间价值层级结构的规则和原则。在他看来，"正统性"是通过缓慢变化的共识而得到评断的。如果要对谁或是什么作品是否应该被纳入艺术界的"理由话语"（discourse of reasons）以及适用于这种话语的社会领域进行判断，那么他们所需要的就是时间和互动。"正统性"就意味着享有被施以评判的特权（Szanto，1996），因为如果没有评判或估价，艺术作品就没有价值。时装设计师的作品的价值也是通过共识来确认的。在巴黎的时尚界当中就存在着一个用来确立这些作品价值的特定机制，以及一个包含既定流程和参与者的合法化网络链。

结　语

法国的时尚体制对于如何将时尚信息传播到世界各地采取过多种方法。"旧秩序"时期的法国以玩偶、图册和插画开始对时尚进行传播，但那后来又被规律性的时装发布会取代了，因为后者给了服装设计师们向时装编辑和记者展示自己作品的机会，而这些编辑和记者又会转而从中选取一部分作品进行传播。服装设计师对时尚门槛把持者的意见在当前的时尚价值评价体系当中有多重要都非常清楚，所以他们首先需要获得这些门槛把持者的注意，而为了实现这一点，参加时装周并被纳入官方日程名单就变得非常重要了。这样的一个传播过程是生产和消费之间的一个至关重要的阶段。一个物品首先要被生产出来，然后再通过该传播过程被转化为时尚。最终，通过这个物品所展示出来的时尚才进入消费阶段。

第四章

高级定制、半定制和高级成衣之间的区别

在这一章里，我首先考察了高级定制和高级成衣这两种类型的服装的本质，而它们分别在 1868 年和 1973 年被法国高级时装联合会惯例化和体制化。另外，对服装制造的技术生产层面进行讨论也是很有必要的，因为对一件衣服的外部描述并不能让我们对其质量有一个全面的了解。服装是由原材料制造出来的实物，因此我们必须要对高级定制和高级成衣的技术制造过程进行阐释，因为它们分别代表两种不同类型的服装，但是这也并不意味着说它们的制造方式就有着多么巨大的差别。

时尚行业通过一件衣服的制造方式把服装分为成衣和定制两种类型。用这两种方式生产出来的服装从外表看起来可能一模一样，但是其内在的建构和制造过程把它们区分了开来。定制的服装从技术层面上被认为是优于成衣服饰的，因为它们是为某一个人量身定做，而成衣面向

的则是大众市场。当然，这其中的区别只有专业设计师、制版师或裁缝师才可以分辨，甚至有的时候，假如制造标准很高的话，这些专业人士也未必能够将它们区分开来。不过，即便知道"高级成衣属于成衣而高级定制属于定制"也不足以完全理解时尚的社会意义，因为这一意义更多是象征性而非物质性的。不仅如此，近年来刚刚出现的半定制的内外本质也将在这一章里得到探讨，即便它还没有被时尚界正式承认为一种服装体系。服装真正的价值到底是由谁来定义，以及如何定义？如果高级定制非常高级，那它到底高级在什么地方？是哪些手段让它成为高级、精英的服装？我在这一章里将会回答这三个问题。

定制服装和成衣的技术制造过程

　　成衣和定制服装之间最根本的区别就在于设计师进行设计的对象——顾客。对于成衣来说，一件衣服的大小多多少少是经过标准化的，以便覆盖尽可能多的穿着者，而定制服装则是独一无二的，因为它只为某个特定的人的身材设计并制作。从解剖学角度来说，没有人的身体是完全对称的，但是成衣的设计却都是左右对称的；与之相对，定制的服装则可以在任何地方作出改动，以便符合穿着者的需求跟偏好，并更好地跟身体贴合。以肩部的斜度为例，如果是一件成衣夹克，那么它的两块肩垫就是完全相同并对称的，因为设计师并不能预料穿着者的肩膀斜度。而一件定制的夹克就可以让自己的左右肩垫根据穿着者的肩膀斜度来进行调整并互不相同。这样一来，这件衣服的两边肩膀也就要分开打版了。

成衣的制造过程

这种类型的服装也可以被归类为量产服装，且它们在我们目前制造和穿着的服装当中占据主要的比重。一件衣服的质量——比如所采用的面料和缝制技术等——可以因为制造商不同而有所差别，但是从总体上说，它们的制造方式是一样的。

1. **面料**。设计师首先要从面料制造商那里选取并采购面料。在面料制造方的帮助之下，富有创意的设计师会尝试去制造一些有着独特质地和肌理的面料，以便让衣服的廓形能够达到极致。今天的设计师们必须对面料非常了解。已经功成名就的设计师可以定制符合他们特定要求的面料，而那些尚未能够声名鹊起的设计师则只能购买已经生产好的面料；如果是后面这种情况，那么他／她设计的服装在创新性或原创性上就没有保障，因为其他的设计师也有可能买下了相同的面料。

2. **设计**。在选择面料之后，设计师就要开始用合适的面料设计合适的款式。一些设计师会为完工之后的服装勾画草图，但也有一些设计师在设计的时候只会画出服装完成之后的大概形象和感觉。人们往往相信，那些对服装的结构不甚了解的设计师更容易设计出不能穿、让人穿着不舒服，或是不能被制造出的衣服。不过，成衣行业事实上不太可能会聘请那些完全没有任何制衣技能的人。这个阶段通常会涉及的事情包括制作一个展示板，而当季系列的形象和灵感都会从那上面产生。

3. **立体剪裁／制图／打版**。接下来的任务就是用三维的形式将草图或速写的图样执行出来。有的设计师会用棉布和图钉在一个人形模特（也就是一个覆盖着米色棉布、从人脖子到髋部的填充人形）身上进行立体剪裁，以便观察他们脑子里设想的服装的真实廓形。还有的时候，这个任务会被分配给一个助理设计师。当款式在模特身上被确定下来之后，设计师就会在上面标注出这件衣服的各个部分和接缝线，以便当布片从模特身上被拆下来的时候，每个样片都可以辨认，因为它们之后会被重新组装在一起。再然后，衣服的各个部分——譬如衣袖、衣领或是前襟等——都会被放在纸上摹写出形状，以便为样衣制作第一批样品。

4. 样衣的剪裁和缝纫。那些样片会被放到面料上，由一个样品制作师把各个部分连同衬里和用来强化廓形的帆布剪出来，再把它们缝在一起成为样衣，最后把样衣投入量产。设计师或是助理设计师是唯一清楚地知道那些衣服完工之后应该是什么样子的人；如果有需要，他们也会指导样衣缝纫师对其进行修改。

5. 制作生产版式和放码。如果有需要，制版师会对样衣作出相应的修改，并将最后的生产版式送去工厂。此外，按照标准的评级系统和标准的图样大小，他们还会一同制造出更大和更小尺寸的图样。

6. 写下具体的设计规格，并画出平面草图。事实上，为工厂的缝纫师写下设计规格的通常是助理设计师。这些详细的服装平面草图既不会显示人的身体也不会显示人的面貌，只会显示衣服的各个细节，譬如一条衣领边缘上的针脚宽度和列数。

7. 大宗生产。一旦进入工厂生产阶段，设计师和助理设计师就会和工厂保持沟通，以确保最终的成品和工作室里的样品一致。

高级成衣和普通的成衣或者说非高级成衣之间的区别微乎其微。或许它们在设计师所选用的面料、线和配料的质量，以及工厂缝纫工人的技艺方面有所差别，但是它们的基本生产流程是相同的。我在高级成衣和非高级成衣之间并没有发现任何技术区别。

定制服装的生产流程

高级定制是顶级的手工技艺和耗时数千小时所创造出的独特面料及款式的结合，被认为是具备最高品质的定制服装。不过，这个说法可以说是过于简单化了。要理解高级定制和其他奢华、昂贵的定制服装的区别，我们有必要对定制服装的制造过程进行一番考察。

1. **面料与设计**。制作普通定制服装的时候，采取哪种面料和设计是由顾客来决定的，而设计师只是辅助顾客进行设计；顾客对于自己想要什么样的衣服，或是希望自己的衣服呈现出什么样子具有绝对的控制权。然而对于高级定制来说，既然设计师举办了时装发布会，那么他们就是设计服装的人，而顾客只能从他们设计的系列里挑选款式并做些许的修改，比如袖子的长度或是布料的颜色等。

2. **立体剪裁／草图／打版**。有的定制服装作者会使用已经做好的图样，但是在一个体型和顾客接近的塑料模特身上进行立体剪裁被认为是更高一筹的做法。立体剪裁的过程和我们前面讨论过的成衣制造过程一样，只不过鉴于这件衣服是为某个人特制的，因此被用于立体剪裁的塑料模特的大小也会被予以调整，以使其尽可能地贴近那个顾客的体型。再然后便是制作版式。

3. **样品剪裁和样品缝纫**。正如成衣的制造流程一样，纸样的各个部分也会被放在面料上，然后再连着宽大的接缝被剪出来，以防还要进行修改。在试装的准备过程中，设计师会用手工将各个裁片缝起来，以便在需要进行改动的时候可以随时去掉缝针。

4. **试装**。根据衣服的价格和质量，设计师会为顾客开展一到两次试装。这在定制服装的制作过程当中是最为重要的步骤，也是其与大宗生产的服装的区别所在。顾客会把衣服穿在身上，然后由设计师根据其体型进行尽可能贴合的调整。第一次试装的时候，设计师可能会采用普通棉布，而到了第二次或第三次试装的时候，他们就会采用真正的布料。

5. 完工。在最后的试装结束以及顾客对服装表示满意之后，那些原本被手工缝在一起的裁片就会被拆分开来，接缝也会被熨平。现在，衣服的最终结构和版式都已经确定了，衬里和衬布也都完成了剪裁。有的接缝会被缝纫机缝在一起，而另外的则是由手工进行缝纫。所有的细节——譬如纽孔之类——都完工了，而最终的成品也会进行再次熨烫。

高级定制和高级成衣的体制化

通过将定制服装体制化为高级定制，以及将成衣体制化为高级成衣，这两种类型的服装在社会地位及象征意义上都得到了提升，而那些设计这些服装的设计师也一样。高级定制和高级成衣是法国时尚的源头；可以说，这两种服装的意识形态属性超过了它们的物质属性。事实上，普通定制和高级定制，以及普通成衣和高级成衣之间的社会差异比它们的技术制造过程当中的差异更大。这两种体制化的服装都对它们所属的意识形态予以了支持，并提高了服装的附加值。

高级定制的社会意义

法国 19 世纪的高级定制并非是一个"有钱贵妇请来富有才华的专业人士为她们量身定做衣服"那么简单的事情（Hollander，1993：353）。从本质上说，这个后来演变成了一个系统的现象是在富人当中已经发生了数百年的一种行为（Hollander，1993）。韦布伦（Veblen，1899/1957）将时尚定义为一种"不具有功能性，昂贵且新奇"的东西，而这三个要素高级定制都满足，并且是最美外观的浓缩。但是在对定制服装的技术生产流程进行考察之后，我们必须对创造了高级定制的外部因素也加以留意。精英设计师之所以成其为"精英"的原因事实上是时尚制造的象征性。高档服装的奢华属性是由时尚系统制造以及操纵的。从那时开始，时尚就被掌握了主动权的设计师们把控在了自己手里。德马里（De Marly，1980a: 22）描述了 19 世纪中叶的定制时装屋的氛围：

> "一位太太并没有像她去一家普通的裁缝店那样去到沃思的店里，并对缝纫师说她想在周五之前做好一条绿色丝绸裙子。事实上，她首先进行了一次预约，这已经可以算是非同寻常了，而当她真的来到沃思时装屋面前的时候，她发现自己的那些想法完全起不到任何作用。沃思时装屋会对她进行研究，留意她的肤色、发色、身上戴的珠宝、穿衣服的风格，然后才会为她设计一款在他看来适合她的礼服裙。"

可以说，高级定制特别的地方就在于设计师们挑选以及对待客户的方式、设计的价格 [1]、时装屋的地址以及稀罕的面料。以沃思为例，他的工坊里有一间完全不见天日，全靠煤油灯照明的屋子，以便客户在试穿晚装的时候所处的环境和他们会穿着这件衣服出席的场合——比如舞会或晚宴——一模一样的照明条件之下（De Marly，1980a）。

那些采用和高级定制相同的方法来制作定制服装的设计师们知道，高级定制和其他的定制服装其实并没有太大的不同。在常驻巴黎的突尼斯设计师阿泽丁·阿莱亚（Azzedine Alaïa）看来（他设计并制作类似于定制的衣服，但他并不是高级定制协会的一员），做工优良的成衣和高级定制之间只有着非常细微的差别。譬如他采用的面料就是在意大利由机器织成，然后再运送到印度，由那里的工人进行刺绣或是加上亮片或钉珠（Menkes，1996d: 11）；接下来，面料被运回到巴黎，并在那里由设计师进行剪裁、塑形，最后完工为服装。事实上，他采用的制衣方法和高级定制非常相似，但是阿莱亚并不是高级定制协会的一名受到承认的成员，并且他也拒绝在定制服装和成衣之间进行区分。一位行业高管对成衣制造业现如今的高标准作了如下解释：

> "利用现在的技术，设计师在制造一件基础款服装的时候已经可以将大多数工序用跟手工缝纫质量不相上下的技术代替，甚至后者可能还会完成得更好。看起来，除了和高级成衣合并，并且在合适的时候使用机器制造，巴黎的高级定制服装似乎并没有别的选择。但是与此同时，他们也必须保护好高级定制的手工技艺传统，因为后者对于一些步骤来说仍然是不可或缺的。"

不过，至少从定制服装的技术流程来看，高级定制和质量上乘的普通定制服装之间并没有特别大的区别。高级定制的特别和特殊之处在于它们的体制属性。造成区别的并不是定制服装的内容，而是在于法国高级时装联合会是如何将"精英服装"这个概念体制化的。高贵的华服是相对于非华服而存在的，因此法国高级时装联合会需要制定一种等级制度。事实上，这些衣服的具体区别可能只在于面料的质量，因为每一季的面料可能都需要很多个工时来制作，以及用来对衣服的某些部位进行强化加固的帆布。法国的高定时装业现在仍然在用马毛制作的传统类型帆布来制作衬布，而将它缝制在面料上的手工技术需要经过大量培训才能掌握，并且缝好以后从外面完全看不出来[2]。相比之下，传统的定制服装和成衣行业里的衬里制作则是用电熨斗将一种可熔的帆布贴合在面料上，因为这种帆布在熨斗的高温作用下会立刻与面料进行熔合。虽然我并不会忽视高级定制里涉及的令人惊叹的手工技艺，但是高级定制和普通定制服装的区别与其说是具体的，不如说是存在于其符号性和社会性。这种区别让高级定制的服装设计师享受到了一种特权地位和权力，但是一位行业内行人士则对成为高级定制协会会员的重要性提出了质疑：

"曾经有一位意大利设计师想成为法国高级定制协会的正式成员，但是在选举投票的时候总是有人反对他的加入，于是这位设计师就表示，那么他就干脆不要成为协会的一员，而是自己单干，于是我们就让他成了一名'准会员'。我很好奇'正式会员''准会员'和'特邀会员'之间的区别是什么。公众对于这之间的区别当然一无所知。正式会员缴纳的会费也是最高的，可以高达他们总销售额的某个百分比。有的时候我也会好奇，那就是成为一名正式会员的好处是什么。可能只有那些内部人士才知道这其中的区别。"

法国高级定制时装协会的正式成员有权力对其他设计师能否成为他们当中的一员进行投票（表4.1、表4.2）。也就是说，他们有权力决定

126

表 4.1

法国高级定制时装联合会成员
（截至 2003 年 1 月）

高定时装屋	高定服装设计师	国籍／性别	入选于
Balmain	O. de la Renta*	法国男性	1945/1991**
Chanel	K. Lagerfeld	德国男性	1923/1954***
Christian Dior	J. Galliano	英国男性	1947
Christian Lacroix	C. Lacroix	法国男性	1987
Dominique Sirop	D. Sirop	法国男性	2003
Emanuel Ungaro	E. Ungaro	法国男性	1965
Givenchy	A. McQueen	英国男性	1952
Hanae Mori	H. Mori	日本女性	1977
Jean-Paul Gaultier	J.P. Gaultier	法国男性	1999
Scherrer	S. Rolland	法国男性	1962
Torrente	R. Torrente-Mett	法国男性	1974

总计：11 家定制时装屋

* 奥斯卡·德拉伦塔于 2003 年 1 月为 Balmain 设计的高级定制系列是他的收官之作。
** Balmain 的高定时装屋曾经关闭，1991 年重新开业。
*** Chanel 的高定时装屋也曾经关闭，1954 年重新开业。
来源：根据多种数据源汇编。

高级定制、半定制和高级成衣
之间的区别

谁可以成为该协会的正式成员，谁可以登上法国高级时装联合会的议程名单，以及谁可以使用他们位于卢浮博物馆下面象征着名誉与地位的官方秀场，并参与法国的"时尚制造"。他们是时尚体系里对巴黎时尚起着规范、控制、指导和决定作用的人，因此也是他们将巴黎时尚传播到了世界各地。

事实上，并没有很多女性负担得起高级定制这么昂贵的衣服，并且鉴于它是一桩劳动密集且昂贵的生意，能够维持这桩生意的时装屋也越来越少。不仅如此，全世界对这种不切实际的衣服的需求也几近消失。今天我们对时尚的定义和韦布伦给出的定义已经相去甚远（1899/1957）。在海湾战争期间，这些高级定制时装屋失去了阿拉伯国家的顾客，而在亚洲经济危机期间，亚洲的顾客也消失了。正如之前我们提到的，高定时装屋的数量目前处于历史新低（参见第二章的表2.3），并且时装行业的业内人士已经开始谈论整个高级定制体系的消失。要知道，在 1946 年，世界上共有 200 家高定时装屋为全世界超过 30 万的女性顾客服务（Rose，1993: 8）。到了 2003 年 1 月，世界上仅剩下 11 家高定时装屋，而且现在的高级定制也已经成了一项公关投资。各大公司之所以愿意一掷百万来做广告，是因为他们期望体现在销售上的回报会不逊于开支。据罗丝（Rose，1993: 8）统计，在 1993年，做广告的各个高定时装屋在法国媒体身上花了 2.34 亿法郎（约合3900 万美元），但是只收回了 2.9 亿法郎（约合 4800 万美元）的销售额，而在这个总额当中，Dior、Chanel 和 Yves Saint Laurent 又各占了5000 万法郎（约合 830 万美元）。与之形成鲜明对比的是，各大香水品牌在广告投放上花了 5.24 亿法郎（约合 8700 万美元），但是却收回

表 4.2

高级定制设计师与创意设计师
成衣公会和高级男装联合会的
成员（截至 2003 年 3 月）

Adeline André	Féraud	Loewe
Agnès B	Francesco Smalto	Lolita Lempicka
Akiris	Franck Sorbier	Louis Vuitton
Andrew GN	Gaspard Yurkievich	Marcel Marongiu
Angelo Tarlazzi	Givenchy	Montana Création
Balenciaga	Grès	Nina Ricci
Balmain	Guy Laroche	Paco Rabanne
Bernar Willhelm	Hanae Mori	Paule Ka
Cacharel	Hermès	Pierre Cardin
Céline	Hervé Léger	Plein Sud
Cerruti	Isabel Marant	Renoma
Chanel	Issey Miyake	Rochas
Chloé	Jacques Fath	Sonia Rykiel
Christian Dior	J.C. de Castelbajac	Thierry Mugler
Christian Lacroix	Jean-Louis Scherrer	Torrente
Comme des Garçons	Jean-Paul Gaultier	Valentino
Courrèges	John Galliano	Véronique Leroy
Dominique Sirop	José Levy	Vivienne Westwood
Dries Van Noten	Kenzo	Yohji Yamamoto
Emanuel Ungaro	Lavin	Yves Saint Laurent
Eric Bergère	Lapidus	Rive Gauche
Façonnable	Léonard	Zucca

（总计：65 家公司）

来源：法国高级时装联合会。

了 100 亿法郎（约合 16 亿美元）的销售额（Rose，1993: 8）。一个稍微不那么有名的高定品牌 Lecoanet Hemant（现在它已经不再是高定协会的成员了）曾经实现了 600 万法郎（约合 100 万美元）的营业额，但是它每年的两场时装发布会就花费了 1000 万法郎（约合 160 万美元）。该公司曾经为制作高级定制自筹资金，但是这笔钱不是由他们自己付的，而是由他们对丝巾、领带、面料和墨镜进行品牌授权而支付的。那些香水和化妆品产生的利润，以及在高定时装周期间由 700 多位参会媒体记者引发的曝光量才是很多公司继续对并不赚钱的高定系列进行资助的真正原因。这些时装周期间的发布会在时尚杂志当中引发了多达 1200 多页的报道，而这才是树立品牌声誉，从而产生许可授权利润的原因（Rose，1993: 8）。在今天，高级定制的社会意义已经从制造昂贵服装的机构演变为塑造形象的机构。

介于高级定制和高级成衣之间的半定制

高级定制体系不得不放松其严苛的规定才能使该体系维持下去。它试图以一种经过轻微改动过的形式继续以法国时尚体系的统治势力的身份延续下去，于是半定制也由此应运而生。门克斯（Menkes，1996b: 11）曾经这样写道："有些人喜欢时髦，有些人喜欢高雅，但是现在出现了一种新的概念：半定制。面对着高定时装屋大量凋零，法国时尚业的管理机构正在诱使成衣时装屋加入高定的行列。"从生产的质量——譬如试装的次数——上来说，半定制介于高级定制和高级成衣之间，并且它们的制造不像定制服装那样精细，但也不像成衣那样是由机器完成。像森英惠这样的设计师早就引入了半定制系列，好让自己的衣服稍

图 4.1

1995 年度高定时装屋的销售额组成，1995 年
的总销售额：52 亿法郎（约合 8.66 亿美元）。
来源：巴黎高级定制公会。

（La Chambre Syndicale de la Couture
Parisienne in Hamou，1998a.）

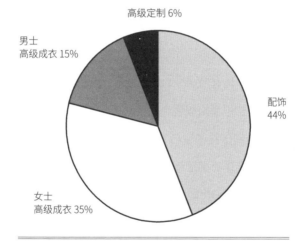

社会和技术区别

微便宜一点。它们不像高级定制那样昂贵，但和高级成衣比起来还是要贵不少。随着高级定制的质量和水平越来越折中，而成衣的质量越来越精良，高级定制、半定制和高级成衣这三者之间的技术区别也正在变得模糊不清。举例来说，一位行业设计师就曾表示："如今机器制造出来的纽孔看上去就跟手工缝制的一模一样，肉眼根本看不出来任何区别。"在执掌 Thierry Mugler 这个品牌的时候，设计师戈巴赫也曾这样说过（Menkes，1996d: 11）："我们的高级成衣就是定制——随着新技术的出现，这两种手艺已经变得互补，而顾客也是同一拨人。"

与之相似，全世界的高级成衣设计师们也都在创立一个更便宜的系列，他们称之为"副线"或"桥线"（Bridge Line）。举例来说，Georgio Armani 旗下就有着四个系列：Georgio Armani Signature Line、Collezione、Emporio Armani 和 Armani Exchange（A/X）。Yohji Yamamoto 旗下同样也有"Yohji Yamamoto"高级成衣系列和副线"Y's"。半定制和副线现在还不算是服装产业内的正式体系，但是设计师作品的新等级秩序正在呈如下排列：（1）由高定设计师设计的高级定制系列，（2）由高定设计师设计的半定制系列，（3）成衣设计师推出的高级成衣系列，（4）成衣设计师推出的品牌副线。

虽然"半定制"这个词在沃思最初将它体制化的时候并不存在，但是他已经使用了一些类似的制作方法。譬如德马里（De Marly，1980a: 40）就对沃思的服装制作过程作了如下阐释：

"受当代工业实践的影响，沃思在自己的服装制作过程当中也采用了'量产'技术。鉴于数以千计的太太小姐们每一季都在眼巴巴地期盼着他设计的日装、晚装和晚礼服，并且是每个人都同时期盼着这三样，所以沃思不得不开发出一套非常灵活的体系。于是乎，沃思时装屋便开始为顾客提供一系列可以更换的零部件，譬如袖子、大身、裙子和褶皱等，它们之间可以进行各种不同的自由组合，就像是预先制造好的部分。这些图样发挥着稳定的功效，因为它们得到了年复一年的使用。时尚也许会变，但是服装结构的基本元素却是不变的。一个19世纪80年代设计的大身款式在20世纪80年代可能只需要给它加上一圈法兰，增加点长度就仍能使用。"

正如德马里（De Marly，1980a）已经阐释清楚的那样，沃思部分地采用了量产的方法。将之前用过的旧款式继续加以运用，并从中开发出新的款式可以算是一种捷径，这样经过简化的制衣方法在高级定制服装界应该占据不了一席之地。一个并非是从零开始设计的款式就不是独一无二的。同样，用过一遍又一遍、只做过很小改动的款式也可以算作成衣的元素。据德马里描述，沃思生前使用的制衣方法算是"一半定制一半成衣"，因此也可能被称作半定制。然而，沃思却被认为是19世纪最受欢迎也最心灵手巧的定制服装设计师。这段描述说明，"定制服装设计师"这个词并不一定可以保证做出来的服装的质量。高级定制是对精英服装进行体制化的结果。正因如此，假如我们要根据衣服的制造方式对高级定制、半定制和高级成衣进行分类，那么它们之间的区别就会变得模糊，而那也是为什么在考察这些不同类型的服装的时候，我们不仅应该着眼于它们的技术因素，也应该着眼于它们的社会因素。

高级定制、半定制和高级成衣
之间的区别

高级成衣：由技术发明催生的时装民主化

正如 19 世纪的艺术界发生的技术变革对风格和社会产生的影响一样（White and White，1965/1993）[3]，技术的降临对时尚界的影响不仅在于服装的制造流程，还有被生产出来的服装的社会意义。对女装来说，从手工制造向机器制造的技术转变发生在 19 世纪：缝纫机最早是在法国由裁缝蒂莫尼耶（Thimonnier）发明而问世，然后又在 1846 年由埃利阿斯·霍威（Elias Howe）进行了改良，并于 1851 年在艾萨克·辛格（Isaac Singer）手下臻于完善；可以说，缝纫机的发明让美国和欧洲的制衣行业发生了翻天覆地的大变革（Boucher，1967/1987: 358）[4]。

总的来说，缝纫机的使用使得制衣行业对缝纫女工的培训要求变得不再那么严格，而这就意味着那些曾经由行会系统来满足的需求——也就是手工针线活的使用被科技发明所取代了。不仅如此，除了缝纫机，同为这场变革主要因素的还有特定的服装款式图样和一套精确的身体尺寸测量体系（Crane，2000: 74-5）。

此外，还有一些技术革新也支持了面料和纺织品的生产。举例来说，鲍文斯（Bauwens）发明的织布机就对佛兰德斯（Flanders）[1] 一带的毛料生产进行了革命。雅卡尔（Jacquard）后来又进一步改良了机器织布机，让蕾丝的批量生产成为可能，也让法国城市加来（Calais）成为一个成功的新兴工业城市。后来，编织服装的技术进步也使得制造

----

[1] 中世纪欧洲一伯爵领地。——译者注

一片式的紧身胸衣裙成为可能。拱形烫木[1]的发明也为丝质面料增加了强韧度和轻盈感，而这反过来又促进了里昂市的经济发展（Boucher，1967/1987: 358）。此外，海尔曼（Heilman）于1834年发明的刺绣机让蕾丝从手工制造阶段进入了工业化的大批量生产，从而改变了整个制衣工业的行业版图（Boucher，1967/1987）。

面料生产的机械化同样使得大宗采购的面料价格变得相对便宜，而这让它们能够被更多人消费，且又使得大批量生产成为可能，从而引发了时尚的民主化的进程。缝纫机将服装制造变成了彻头彻尾的工厂生产。在不断加深的劳动分工的影响下，制造业发生了翻天覆地的变化，成衣行业也终于成型，而其代价就是那些原本主要从事量体裁衣的小裁缝们渐渐地没了工作，因为他们之前的那些工人阶层和小资产阶级的主顾们渐渐弃他们而去购买成衣了，于是这些人开始日渐消失（Perrot，1994: 67）[5]。不仅如此，如果没有当时的技术进步，沃思的定制服装生意也根本不可能开展，因为他的跨国生意每周会制作上百件舞会礼服，而假如不是因为缝纫机承担了大部分的接缝工作，那么这么大体量的工作靠手工是根本完不成的，虽然每件衣服到最后都是由手工来完工（De Marly，1980a）。在将沃思设计的款式进行广泛传播方面，缝纫机的发明起到了重要作用。

随着百货公司在市面上站稳脚跟，以及科技的不断进步，服装的制造成本越来越低，制衣商们也将供给中低收入的中产阶级的服装质量进行了分化。时尚变得越来越为普通人所企及。然而在这样的进步之外，

---

[1] 烫后袖缝、摆缝等的工具。——译者注

高级定制、半定制和高级成衣
之间的区别

时尚机制的组织结构并没有发生改变；直到 20 世纪 60 年代，整个时尚行业都还在为高级定制马首是瞻（Lipovetsky，1994: 56-57）。也就是说，和绘画界的情况一样，技术因素只有和体制的变革联手才会产生深刻的影响（White and White，1965/1993: 159）。

从 19 世纪 60 年代开始，缝纫机在法国成衣界得到了非常广泛的使用（Coffin，1996），虽然这些衣服面向的是工人阶级，并且质量下乘，常常为中产阶级妇女所鄙视（Crane，2000: 76）。在 19 世纪及更早之前，"成衣"这个词的意思真的就是指一件早前制作，然后经过改动、复原和清洁再次流入大众市场的衣服（Coffin，1996）。也就是说，二手服装是成衣购买的第一个模式，因为穷人都是在家里自己动手做衣服，而技艺高超的裁缝和缝纫女工只会为有钱人量体裁衣（Green，1997）。当时的行会允许二手服装的经销商制造并出售新的衣服，前提是它们不贵且不需要试装（Coffin，1996: 54；Roche，1994: 329；Perrot，1994: 78–85）。在法国大革命期间，这门生意迅速扩张，而二手衣的经销商也开始在更广的范围里制造并出售平价的成衣和二手衣（Coffin，1996: 54）。

就这样，虽然成衣作为一种服装类型和生产方法早在高级成衣系统于 1973 年出现以前就存在了，但是它们的形象并不十分正面。服装生产虽然非常有利可图，但却是被视为一种并不十分光彩的生意，因为人们似乎认为它拉低了公众的品位，而批量生产的服装也没有任何声誉可言（Hollander，1993: 358）。到了 19 世纪末期，服装已经成为一种广泛传播的大宗消费品。19 世纪被称作"商品民主化"的世纪（Green，1997），时尚的民主化进程也缓慢地展开了。不过，高级定制到了第二次世界大战末的时候仍然享有非常高的声誉，虽然它那时候已经成为一件掌控在为数不多的几个设计师、顾客、新闻记者以及摄影师手里的事了。媒体为整个服装行业塑造出了昂贵高端的形象（Hollander，1993：358），因此他们也需要为升级后的成衣塑造出一个更好的形象，那就是高级成衣——虽然从技术上来说，正如我们之前解释的那样，这类服装的制造方式就和普通成衣并无二致。

从物质生产转向形象制造

通过对服装具体是怎么制造出来的进行考察，我们就能理解"时尚"这个词的社会含义了吗？一个设计师或许会从事服装制造的工作，但是要让服装成为时尚，他或她仍然需要经历一个合法化的过程。也就是说，服装需要在一个特定的社会和机构语境当中得到承认和认可才能成为时尚。与之类似，不论是定制服装还是成衣都必须经历体制化系统的检验才能将自己称为时尚。通过将服装转化为时尚，设计师们出售的就是比服装本身利润丰厚得多的其他商品。对于时尚在法国的社会生产过程，我们可以做如下的归纳：

1. **创立一个品牌**。先确定一个品牌的名字，且那通常就是设计师本人的名字。

2. **举办时装发布会**。至少在法国的语境当中，举办时装发布会对于设计师来说是必不可少的举措。

3. **登上法国高级时装联合会的官方日程名单**。设计师的名字必须出现在法国高级时装联合会的官方日程名单上。同时，设计师必须举办一场足够撩拨人心、足够耸动，以及足够有争议的发布会来吸引人们的注意力，而这反过来又会促使法国高级时装联合会将设计师的名字列入下一季的官方日程名单。

4. **通过"时尚门槛把持者"们的审视。**虽然法国高级时装联合会在法国时尚体系的把控方面处于中枢地位，但是除了他们还有别的时尚门槛把持者，并且后者在传播设计师的声誉方面扮演着关键的角色。通过将时尚讯息传播给国际大众，时尚杂志和报纸在时尚的体制化过程就当中扮演了这个"门槛把持者"的角色。

5. **公开曝光。**设计师形象的公开曝光在传播设计师以及品牌的名字方面起着举足轻重的作用。当品牌的名字和形象受到公众的认可之后，这个名字就被赋予了额外的价值，而这最终也会使得品牌的名字和形象变成比设计师设计的衣服更有意义，也更有利可图的东西。

6. **特许经营。**一位声名卓著的设计师的名字可以被用在任何产品之上，即便是在设计师本人去世之后也是如此，譬如香奈儿和克里斯汀·迪奥就是这样。对设计师来说，利润最丰厚的产品是香水和化妆品，因为它们是无可争辩的成功的象征。

渐渐的，服装的质量和生产过程变得越来越不重要，而时尚体系在建构和传播设计师的形象方面所扮演的作用则变得越来越举足轻重。比起服装本身，21世纪的时尚关乎的更多是形象。包括 Kenzo、Givenchy、Christian Dior 和 Céline 在内的数个重量级时尚品牌的老板伯纳德·阿诺特（Bernard Arnault）就曾经用非常直白的语言解释了他对服装设计师的期望："我不关心他们到底做的是什么，只要能上头条就行。"

高雅文化和流行文化之间的分界线

时尚曾经是高雅文化的象征，并且不能被上流社会以下的阶层所企及。打扮时髦或是穿着入时也曾经只是富人的特权。可以说，高雅文化和流行文化之间有着清晰且牢不可破的界限。法国时尚体系的构成方式就决定了时尚只属于高雅文化，并且该体系到了今天仍在努力维持这种界限。对普通民众来说，遥不可及的高级定制可以是一种文化排斥的过程，并且它仍然被当作具有象征意义的边界。事实上，各种文化都有概念性和象征性的边界，且那是个体和体制之间互动的产物。社会精英对高雅文化的建构就是基于他们对构成这种文化的各种机构和体制的把控，而非精英人士则被排除在了这些机构和体制之外。和精英阶层把控着文化的各种形态一样，法国的时尚界精英也把控着与时尚相关的各种活动和事件，并且该时尚体系的成员身份也更加确定了精英和非精英之间的界限。不过，时尚却一定是会被民主化，并向大众敞开大门的。于是，新出现的服装类型也被体制化了，并成为一个对这些界限进行重新定义并轻微折中的文化门类。

相较于流行文化的创造者来说，高雅文化的创造者似乎仍然享有更高的地位，而这种地位层级是和一个等级体系当中人们对文化产品的感知水平联系在一起的，当然它也和最终消费者群体的社会地位有关系（Crane，2000）。就威望和声誉而言，生产和消费之间有着强烈的联系。那些为社会地位更高的消费者服务的人群就比那些服务社会地位较低的人群拥有更高的层级。举例来说，为了获得财富和名誉，沃思就必须得到一位最具社会地位和影响力的女性顾客的眷顾，并且后者必须要穿上他设计的衣服出现在一些社交场合（De Marly, 1980a；Saunders, 1955）。就在沃思成功地接到尤金妮皇后（Empress Eugènie）的订单之后，请他做衣服的价格也成了巴黎城中最高的。换句话说，当观众或受众大多来自社会中高阶层的时候，这样的文化产品就被定义为"高雅文化"。

高雅文化和流行文化之间的区别是所有现代社会里被研究得最多的对比。但是正如其他文化领域里的情况一样，它们之间的界限也正在变得越来越主观（Crane, 1992）。现在我们对文化的定义是基于它们被创造、被制造和被传播的环境，而不是基于它们的内容本身，所以说，对于一项试图理解文化和时尚之间联系的研究来说，仅仅对服装进行分析是不够的。时尚不能仅凭借它的内在内容而得到辨识，而是必须要和特定的社会内容联系起来。正如克兰（Crane, 1992）所解释的那样，假如那些包含很多 20 世纪先锋艺术的音乐短片只能在艺术博物馆里播出，而非在电视上播放，那么它们就会被定义为高雅文化而非流行文化。

创造高雅文化的目的是衡量、产生身份群体，并垄断他们的特权，而这正是法国的时尚体系一直以来都在做的事情。人们的审美偏好以及美学形态的标准正是由一些特定的服装设计师和时尚专业人士团体所塑造的。法国的时尚界发展出的机构和体制定义着"美"，并且传达着用布尔迪厄（Bourdieu, 1984）的话来说具备"正统品位"的意识形态。如果没有一个明显体制化的系统，时尚就无可依附，而存在于设计师之间的等级制度正是巴黎的独特之处。

结　论

"高级定制"和"高级成衣"是法国的两个经过体制化的时尚系统，而它们之所以被创造出来，其目的就是通过赋予自己一些与众不同的标签，从而将自己和传统的定制及成衣区分开来。那些创造高级定制和高级成衣的服装设计师被赋予了法国时尚体系会员的特权，而那些消费高级定制和高级成衣的人士也可以享有相同的特权和地位。女装行业里的主要变革并不是发生于生产技术领域，而是在于不同类型服装的组织机构和社会分工。服装的生产过程和时尚的产生过程是截然分开的，并且这二者经历的是不同的生产体系。

注 ···

1. 举例来说，Yves Saint Laurent 品牌的高级定制价格如下：长袖衬衫 45000 法郎（约合 7500 美元）；日装 95000 法郎（约合 15800 美元）；晚装 150000 法郎（约合 25000 美元）；带刺绣的晚装 250000~500000 法郎（约合 41000~83300 美元）（Beziers, 1993: 44）。圣·罗兰自 1961 年起便是法国高级定制服装协会的会员，不过他已于 2003 年 1 月从时尚界退休，因此他的高定系列也止于那时。

2. 这是基于我和参加示威的高定工坊的缝纫女工的交流和观察而得出的结论。

3. 据怀特夫妇（White and White，1965/1993: 159）考证，本世纪艺术媒介当中发生的技术变革，例如平版印刷、锡罐装的成品油漆、用于操作更黏稠油漆的新型色彩和画笔，以及备制好的画布等，都具有无可置疑的风格和社会影响。

4. 这些机器直到 1870 年才开始在法国得到批量制造（Coffin，1996）。

5. 缝纫机在裁缝当中引发了一阵恐慌，并且促使后者发起了一起暴动，捣毁了一座工厂里的八台缝纫机（Perrot，1994: 67）。当时的裁缝师傅满怀愤懑和鄙夷地对这款新产品发起了攻击，而当时的专业期刊也预言成衣的消亡和定制服装的回归，但是那并没有发生。

PART 2

INTERDEPENDENCE BETWEEN JAPANESE
DESIGNERS AND THE FRENCH FASHION SYSTEM

第 二 部分

日本服装设计师
和法国时尚体系的互相依存关系

第五章
1970 年以来巴黎出现的
日本时尚现象

作为一门职业，服装设计师在对时尚的社会学研究当中通常是被忽略的。而当学者们真的对知名服装设计师进行讨论的时候，他们又通常将后者视作具有特殊才华和天分的艺术家，并把关注的重点聚焦于设计师的生平、背景以及设计本身。要不然，对时尚的社会学研究又大多是从服装行业和消费者的角度对时尚现象进行考察。正如贝克（Becker，1982）在他对艺术界和艺术家的研究中所阐释的那样，一项社会学分析必须首先关注社会流程，然后才是去关注作品的质量。正因如此，关注参与到时尚体系当中的个体之间在微观层面的互动对生产研究来说就非常重要，因为那会帮助我们理解服装设计师，尤其是国外的"外来"设计师在多大程度上必须仰仗这个时尚体系来获得人们的认可。因此在这一章里，我将会探讨日本的"外来"设计师是如何成功打入巴黎时尚界这个"比世界上的其他任何时尚体系都更复杂，也更古老"的时尚体系的（Crane，1993: 56）。在这一章中，我会沿袭克兰（Crane，1993）对四个国家——法国、英国、美国和日本——的时装设计师的角色、声誉和影响力的考察，但同时也会将我的研究聚焦于日本设计师在法国时尚体系语境之下的准入过程和其内在的合法化机制，而正是在这二者的作用之下，这些日本设计师的作品才在全世界得到了承认和认可。

时尚领域的体制性变革和服装设计师的创新确保了时尚体系和文化的延续性。通过理解设计师们是如何被时尚体系所接纳的这一过程，我们可以进一步确认这一体制的结构，并且看出这个体制和设计师们是如何互相依存的。那些"外人"所扮演的角色在引发变革方面的重要性可能和体制内已经功成名就的设计师一样重要。比如 Kenzo 的高田贤三、Comme des Garçons 的川久保玲、三宅一生、山本耀司和森英惠都被认为是在西方最有国际知名度的日本籍设计师，并且他们也都在法国的时尚体系当中建立并巩固了自己的地位。时尚专业人士纷纷承认并接受他们的成就，因为他们的设计当中反映了自己的"日本身份"，而很多人把他们的设计叫作"日本时尚"，仅仅是因为这些服装从结构、廓形、剪裁、印花和面料组合来说显然不是西方式的。他们的设计灵感无疑是来自那些象征着日本文化的事物，例如歌舞伎、富士山、艺伎和樱花等，但是他们的独特之处在于：他们将现有的服装规则进行了解构，并重建了他们对"时尚是什么"，以及"时尚可以是什么"的理解。这些日本设计师先是向巴黎，继而向全世界证明了：他们是时装设计的大师，并且他们促使西方社会重新评估并定义了服装、时尚，以及"美的共相"

146

这几个概念。他们向西方的时尚专业人士展示的设计是后者前所未见的，并让他们震惊不已。"新颖"这一概念在时尚当中是一个至关重要的元素，虽然它本身并不应该单纯成为追求的目的。所有的新鲜事物在刚开始的时候通常都会被视作古怪。川久保玲（Hirakawa,1990: 24）曾经就对"新颖"为什么重要作出了如下解释：

> "我想让观众感受到自己的心跳，我想让他们在穿着我设计的衣服的时候有一些感触。如果他们在穿我设计的服装的时候没有任何感觉，那么我的设计就毫无意义。这也就是说，我的设计必须是新颖的。我最大的恐惧就是我不能创造出新的东西，并且我对此总是怀有畏惧。"

对于作为个人的设计师和需要盈利的生意来说，受到法国时尚体系的认可和承认都是非常重要的。虽然森英惠从 20 世纪 50 年代开始就在日本家喻户晓了，但是那时候的高田贤三却还只是某个日本服装公司里的设计师，而上文中提到的另外三位在他们去到巴黎之前也只是在日本时尚界有限的小圈子里面略有名气。要是他们没有去巴黎发展的话，日本设计师或许现在还在时尚界的外围徘徊，也仍旧被排除在西方主流时尚界之外。为了将自己的影响力拓展到日本以外的地方，他们就需要专业的指导和联系，尤其是和法国高级时装联合会的联系，所以被巴黎的时尚界接受并承认就变得不可或缺了。但是，单单举出他们的设计当中明显的民族风并不足以解释这些日本设计师的成功。巴黎的时尚界是一个将新秀服装设计师介绍给全世界的渠道，而这几位设计师为了实现自己的目标也都对这一体系进行了战略性的利用。不仅如此，外国设计师被吸收进巴黎的时尚体系也体现了该体系对新风格和新设计师的招安。也就是说，法国的时尚体系有着一定的流动性、开放性和包容性。虽然这些设计师之前处于时尚体系的边缘，但是一旦他们受到了体制的承认和认可，并成为不论正面还是负面舆论的中心，原来那个最先由路易十四创立的审美中心就会拓展自己的边界，并将这些"外来人员"吸纳进来，以便巩固自己的中心地位，而不是允许另一个认可体系的诞生。在巴黎做一个日本籍设计师是一件回报颇丰的事情，而日本设计师持续不断地涌向巴黎也向全世界强化了"巴黎是时尚之都"这一观点。

被当作资本的边缘性

巴黎的日本时尚现象始于高田贤三，是他首先于 1970 年在巴黎开了一家小店，并在那里展示自己设计的服装。只不过，这并不是源自东方灵感的服装第一次在西方出现。从 13 世纪晚期开始，当马可·波罗第一次把中国的奇珍异宝带回到西方国度，东方世界就为西方服装的复苏和扩张提供着源源不断的灵感（Martin and Koda，1994）。

经过两百年的经济和文化孤立之后，日本于 1854 年向西方打开了大门，而这也让西方世界首次得以和日本文化展开深入的接触。与此同时，从 19 世纪 50 年代开始签订的新贸易合约也在两种文化之间催生了前所未有的旅者和物品交流。到了 19 世纪晚期，日本元素在西方已经随处可见，覆盖领域包括时尚、室内设计和艺术等，而这股风潮也被称作"日本主义"（Japonisme）[1]。西方世界对日本艺术和物品的欣赏迅速增强。此外，在欣赏日本物件品位的传播上，世博会也扮演了一个重要的角色。在大众传媒出现之前的年代，世博会是文化观念交流的重要平台，例如 1862 年的伦敦世博会，1876 年的费城世博会，1867 年、1878 年以及 1889 年的巴黎世博会（Wichmann，1981）。

克雷克（Craik，1994: 41）曾经指出，日本对西方社会的影响部分上重新界定了西方世界里的"身体""身体和空间的关系"，以及"服装传统"的边界。也就是说，西方时尚的从业者将来自欧洲以外的影响、传统和形式融入了欧洲的主流做法。很多时尚专业作家都从人本主义的角度对在巴黎发展的日本设计师进行了讨论，虽然他们关注的都是这些设计师设计的服装与身体及女性审美外表的关系，当然所有这些研究都对理解他们的流行至关重要。

然而最近的一些展览——例如 1994 年在大都会博物馆服装学院（Costume Institute of the Metropolitan Museum）举办的"东方主义"（Orientalism）展览，1996 年在巴黎加列拉宫博物馆（Palais Galliéra costume museum）举办的"东瀛风与时尚"（Japonisme et Mode）展览，1998 年在巴黎服装及纺织品艺术博物馆（Art Museum of Fashion and Textile）举办的"异域风尚"（Touches d'Exoticism）展览，以及 1999 年在纽约市布鲁克林艺术博物馆（Brooklyn Museum of Art）举办的"日本主义"展览——都显示出西方设计师一直以来受到了东方纺织品、设计、建筑和装置的启发，其中就包括日本和服。举例来说，让娜·朗万在 20 世纪 30 年代设计的那条搭配波莱罗夹克（bolero jacket）的裙子就模仿了和服的袖子。与之类似，在 20 世纪初，随着鱼骨内衬和紧身胸衣被缩减到最小，保罗·波烈（Paul Poiret）设计的宽松式和服袖也应运而生，高骨的领口也被模仿和服的大开口深 V 领所取代。菊花印花和富有异域风格的面料被许多高定设计师采用，例如查尔斯·沃思和可可·香奈儿等。那些为和服的构造、廓形而着迷的设计师——比如玛德琳·维奥内特还用平板进行剪裁，然后仅仅用波缝（wave-seaming）——也就是日本的一种手工缝纫技巧进行点缀。在整个第一次世界大战期间，东方国度对西方时尚都一直是一股影响力。西方设计师将日本元素融入西式服装，并在将它们保留在服装和时尚的规范定义以内的同时加上了西方的解读。因此，当高田贤三首次出现在巴黎的时候，西方国家并不是首次接触到日本文化。

比接触到日本文化更重要的是，从东方来的服装设计师才是全新的现象。当时，根据国籍对这些设计师进行的分类和贴标签在媒体报道当中非常常见。一开始，这几位日本设计师在西方的时尚门槛把持者当中受到的评价褒贬不一。因为他们是在异国的土地上工作，而西式服装在日本相对来说算是新事物 [2]，所以他们原本很可能被当作"模仿者"。在这几位设计师当中，高田贤三收获了巨大而及时的反响，而森英惠被纳入法国高级定制协会则受到了一些质疑；对那些前卫的服装设计师来说，他们非传统的设计风格也受到了很多批评。然而，日本设计师迄今仍然在全世界引领着流行的风潮，并且利用自己的民族文化遗产——不论是有意还是无意——作为武器，在时尚产业里收获着最高的赞美。现在，他们都已经成了法国和其他西方媒体最爱报道的宠儿。一位法国时装记者（de Faucon, 1982: 8）曾经这样写道："不论大小，'我们的'日本设计师们影响了所有的时尚设计。"与之类似，就在山本耀司和川久保玲首次在巴黎举办发布会的两年之后，一位美国时装记者（Morris,

1983: 10）也解释道："几年前，来这里办秀的日本设计师面对的是空荡荡的秀场……而现在，每个人都会为了看他们的秀比平常还要早到一天。"关于山本耀司于 1998 年 10 月举办的那场发布会，一位美国记者这样写道（Women's Wear Daily，1998b: 6-7）：

> "他是怎么做到的？在过去几季里，山本耀司上演了一台又一台的好戏。每一季里，整个时尚界都对他的发布会充满期待，好奇着他会传达什么样的信息，以及他是否可以再度超越自己。如果说每个参加他发布会的人都会在周六晚上高高兴兴地回家，那几乎可以算是保守的说法了。毕竟，在看完发布之后全体起立为设计师大声喝彩，这样的情况在时尚圈有多常见？山本耀司这个了不起的春季系列可以说是把时尚、艺术和剧场全都囊括在了一场非同凡响的发布会里……看起来，他的想象力和技巧似乎都没有受到任何边界的限制。在这个系列当中，山本耀司使用了一种日本歌舞伎剧场里通常会使用的技巧，也就是由一个全身黑色、脸上还带着一个透明黑色面罩的人——他们在歌舞伎剧目当中被叫作"黑子"（Kuroko）——在舞台上帮助演员换装穿衣。"

这也就是说，这些日本设计师与众不同的地方不仅仅是他们设计的衣服，还有他们作为"非西方"的"时尚外来者"的地位和处境。这些日本设计师的边缘地位反而成了他们的一项资产。

在高田贤三之前，巴黎还没有出现过来自亚洲的设计师。而他之后，另外一些日本设计师也随之而来，例如 1973 年（来到巴黎）的三宅一生、1977 年的森英惠，以及 1981 年的山本耀司和川久保玲。在一个由西方人占据统领地位的领域，这些日本设计师开始用自己的"民族牌"来获得法国人的承认，并且他们随后也发现，这样做还能让他们为自己的祖国和世界上的其他地方带回可观的财富利润。在得到法国高级时装联合会的承认之后，他们也就成了"圈内人"。佐尔伯格和切波（Zolberg and Cherbo，2000）曾经解释说，艺术界里对于"圈内人""圈外人"的区分可能是多层面、多层次的，并且必须以程度而非类别来进行理解。在接下来的几章里，我对这几位在巴黎发展的日本设计师进行的类型学研究就展示了这些"圈内人"的地位以及被法国时尚体系同化的程度。

可以说，这些日本设计师已经掌握了进入法国时尚体系的方法，并且将自己的民族身份当作一个策略来使用。这样的战略和过程不仅可以被服装设计师所采用，非洲的艺术家（Zolberg，2000）、第三世界的小说家（Griswold，2000）和弗拉明戈舞者（Corradi，2000）也都曾采用过。在那些权力集中且有门槛把持者参与的艺术领域，外来人士必须拿到获准进入"圈内"的许可。佐尔伯格（Zolberg，2000）解释说，体制内外的界限是一个关乎地位和"正统性"的问题，而"体制内"的边界则向在里面的人提供了特权和地位，只是在时尚界，这种特权和地位的边界可以通过对风格进行实验和创新来加以操纵和拓展。时尚专业人士接受并欢迎那些拓展及考验这个边界的设计师，因为这是"创新"的标志。一旦这些设计师被认作"圈内人士"，他们就会慢慢获得全世界的瞩目，即便这种认可从来都不是永恒的[3]。时装设计是一个"声望达成"必然要先于"财务成功达成"的职业。也就是说，声誉、形象和名声会带来财务资源。在设计师们抵达那个阶段之前，他们都会努力为声名而奋斗，又或者说假如他们已经抵达的话，也会努力去维持这个声誉。

法国的时尚体系向日本设计师敞开了大门，继而又向更多的国外设计师敞开了大门。这些充满魅力的时装设计师正是通过巴黎才得到了塑造，而那些时尚机构和体制也参与了对他们魅力的塑造。高田贤三为其他日本设计师开创了先例。为了确立自身的独特性和他们设计的服装的独特品质，这些日本设计师充分利用了自己的日本国籍和背景。每一季，他们都会利用西方人所熟悉的日本词汇去引发后者对于日本文化产品和手工艺品的联想，由此提醒公众去注意到他们的种族和民族遗产。"森英惠（的设计）重现了千禧日本的辉煌，并以她自己的方式庆祝了京都一千二百年的历史，那就是一件配有丝质宽腰带的和服上衣外套、羊绒夹克和绣有富士山的裙子。"（Hesse，1994: 8）"最后一套是穿着粉色色丁的艺伎。"（Samet，1996: 12）"高田贤三……作为我们的设计师当中最具日本风情的一位，仍然对花朵的形象保持着忠诚……不论是法国、日本还是其他地方的花朵。"（Mory，1988: 76）不过，川久保玲和其他很多日本设计师都对贴在自己身上的"日本标签"并不满意。她曾经这样说过（Brantley，1983: 48）："我并不愿意被归为又一个日本设计师……日本设计师身上并没有一个普适的特征……我现在做的事情并不受以前发生过的情况或是一个群体文化所影响。"与之相似，山本耀司（转引自 Marc，1992: 72）也曾经说过："我不是一个日本设计师，我只是一个设计师。"三宅一生（转引自 O'Brien，1993: 23）也和这两位的想法一样，并且说道："我并不想表达日本文化；一直以来我都想做到跨文化。我们将会越来越把自己视作一个全球社会的成员，而不是某个特定文化的成员。"不仅如此，三宅一生还一直在试图"创造一种既不属于日本也不属于西方的时尚门类"（Koren，1984：80）。

此外，年轻一代的日本设计师也并不希望被贴上"成功的日本设计师"这样的标签，但不可避免的是，时尚专业人士似乎会不停地提醒公众："他们是日本人，以及你们现在看到的是日本时尚"。他们不能从自己的文化遗产当中逃脱。每当有新的日本设计师在巴黎出现，媒体就会以"新一代的日本设计师"来介绍他们。一位来自东京的年轻日本设计师对于他被这样分类何感想进行了解释：

> "因为我是日本人，所以法国人都把我标记或说归类为日本的知名设计师，并且他们总是说：'你的设计和三宅一生很像'，或是'我几年前在山本耀司的某个系列里看到过和你类似的作品。'所以他们是在暗示说我抄袭吗？但是高田贤三和三宅一生在时尚界所做出的成就，尤其是在巴黎做出的成就——是如此令人巨大，以至于要超越他们是非常困难了。"

另外一位同在巴黎发展的日本设计师也持类似的看法：

> "一些法国记者会告诉我说：'你的设计和我上周看到的高田贤三的一个系列很像。'可你知道吗，准备一场发布会需要六个月的时间，我怎么可能就在上个礼拜去抄袭别人的设计？那是根本不可能的。每当有人这么说，我就会真的很生气，并且他们意识不到自己对一个设

154

计师说这样的话意味着什么，那是很羞辱人的。做一个设计师就必须得有创意，我们想要创新，而创新就意味着制作一些全新的东西。"

因为人们总是期望日本设计师的作品带有日本风格，所以假如他们没有，那就违背了大众的期望。如果他们没有利用自己的"民族牌"，或是在设计里加入任何日本元素，那么时尚作者就会想："为什么？"譬如一位法国时装记者在评论岛田顺子（Junko Shimada）的设计时就说（Samet，1993b: 8）："如果不看标签，你永远也想不到这件衣服的设计师是一个日本人。岛田设计的性感、紧身风格的裙子无疑是西方式的。"

虽然这对日本设计师来说有点不幸，但是他们的文化背景同时也是他们在巴黎发展的武器和力量源泉。正如我们之前提到的，过去有很多法国设计师都曾经采用过以日本风格为灵感的设计。如果这些日本设计师遵从西方服装体系的条款而制作西式服装的话，他们也就不会获得如今这般认可了。一位来自纽约的大型零售商负责人就曾经表示（转引自Sudjic，1990: 84）："如果我们大老远地跑到日本去，却发现他们在做的是传统'布克兄弟'[1]这样的衣服，那还有什么意思？"正是因为日本设计师的独特风格和他们的民族背景结合在了一起才牢牢吸引了西方的观众。将他们归类为日本设计师无疑是相对轻松的做法，虽然在他们出现之前日本也没有人会那样穿。正如斯蒂尔（Steele，1991: 188）对川久保玲作出的阐释那样："她说的当然有她自己的道理，那就是：她是一个独特的个体，以及一股国际化的时尚力量……但是她是日本人

---

[1] Brooks Brothers，美国本土知名服装品牌。——译者注

1970 年以来巴黎出现的
日本时尚现象

这一点也非常重要——并且还是一个日本女人"，而这段评论也适用于其他所有的日本设计师。

作为日本设计师象征性首都的巴黎

本书第六、七、八章里所讨论的五位日本设计师都属于第二次世界大战后的一代，而他们受到的教育告诉他们：凡是西方的都是好的。随着日本在第二次世界大战当中的战败和"天皇是神"这一信念的破灭，他们需要对日本的意识形态进行贬低，并对西方的一切事物进行学习。三宅一生曾经说过（转引自 Cocks，1986: 48）："我们是曾经生活在地狱里的一代，也是真正伴随着西方文化成长起来的第一代人，因此我们必须去另外一个地方寻找一种新的身份。在时尚领域，我尊重欧洲传统，他们做得更好。"与之类似，山本耀司也将自己描述为战后"迷失"的一代人的一员，并且他们受到的教育就是鼓励他们去学习美国和欧洲的文化而忽略日本传统。所以，当他在拓展服装廓形和比例方面做出的试验被称作"日本风格"的时候，山本耀司困惑了。那个年代的日本人在经历了第二次世界大战战败之后都变得内向而保守。山本耀司曾经对他如果只待在日本工作而感到的挫败进行过解释（转引自 Fukuhara，1997: 94）："日本人对于世界上别的民族怎么看他们并不关心。他们只关心别的日本人怎么看他们……但我觉得那很蠢，于是我决定要出国。"

曾经有人预言说，假如日本时尚让整个国际时尚界的面貌焕然一新——并且这一现象迄今仍在继续——那么这就意味着它不仅是日本的原创性，更是人类未来的服装可能会超越民族和性别，甚至是超越一个叫作"时尚"的体制的限制。的确，时尚是从一个体制诞生的，那个体制就是法国的时尚体制——更确切地说也就是法国高级时装联合会。不过，即便是法国的时尚专业人士也没有意识到这个法国的体制为设计师的才华提供了多么强有力的支持。在我的研究过程中，一位法国的时尚编辑曾经这样对我说：

> "巴黎有这些日本设计师真是太幸运了。他们简直是天才，并且他们在其他任何一个时尚之都都不能得到（和巴黎）相同的认可。只是因为他们选择了巴黎作为发布自己服装的地点，我们才可以吹嘘他们是巴黎的日本设计师，而不是东京或是其他什么地方的日本设计师。希望他们今后会继续在巴黎发布自己的作品。"

因为他们在巴黎办秀，所以这些日本设计师向国际买手们提供了一个每年来往两次法国的新理由（Sudjic，1990: 84）。这些日本设计师或许惊艳了时尚界，尤其是在三宅一生和川久保玲出现之后，但事实上，他们仍然处于法国时尚体系的校验之下。斯科夫（Skov，1996: 148）就曾经非常犀利地指出："作为将'日本时尚'领入辉煌的设计师之一，川久保玲同时也强化了人们对于巴黎时尚的兴趣，这也是蛮讽刺的。通过重新定义'国际高端时尚'的经营场址，她也为巴黎赋予了一股延续至今的新活力。"而相比之下，日本就没有一个体制化的系统来对时尚设计师进行合法化，也没有一个向全世界输出设计师的机制。一个城市要成为国际时尚中心，它就必须要在每一季都吸引到数以千计的时尚记者、编辑和买手。要做到这一点，它就需要一个结构完善的体制机构。从这个意义上来讲，东京就还远非一个国际化的时尚之都。设计师们之所以蜂拥至巴黎，是因为巴黎能为他们提供别的城市提供不了的地位。每年在巴黎举办两次时装发布会以及开设一家门店是一项有利可图的未来投资。一个在某位日本设计师的店里工作的法国女店员告诉我：

> "我们开设这家门店的目的只是塑造设计师的形象。这也是为什么每件单品我们都只有一两件存货，并且这个店铺的选址如你所见也不是很好。我那人在日本的老板告诉我，他其实并不指望这家店真的赚钱。对一个日本设计师来说，在巴黎办秀或是开设门店是非常重要的，因为它是在投射一个良好的形象。时尚本来就是一桩关乎形象的生意。"

另一位只在时装周期间来巴黎举办一趟发布会的年轻日本设计师也向我强调了这样做的重要性：

> "我在巴黎办过一次秀之后，在日本的每个人对我的态度都很不一样了，这真是令人惊奇。在那之前，他们都对我说，欧美人永远不会对我的设计感兴趣，因为我的设计风格只适合可爱的女生。但是巴黎却会自动赋予你价值和地位，那简直是立竿见影。突然我就成了一个富有创意的设计师了，而这也说明日本人完全不懂时尚，他们完全没有判断力。"

现在，这位设计师已经不在东京举办发布会了，并且全心专注于他在巴黎一年两次的系列发布。

那些将"巴黎"这个词当作一种品牌的设计师主要有两种方法使其为自己服务，一种就是常驻巴黎，并将自己的祖国日本视作第二市场，譬如高田贤三就是这样做的。他们主要针对法国或欧洲市场进行设计，因为他们发现，让西方顾客接受他们更具挑战也更具回报。高田贤三之前的一位助手就曾说：

> "我的品位和风格都是欧式的。我很确信我能和欧洲设计师一样理解欧洲人的品位和精神。我知道欧洲的消费者们想要什么，以及他们寻找的是什么样的时尚。我的受众是欧洲人，而不是日本人。这也是为什么我会选择在巴黎而非日本生活。我觉得我可能永远不会再搬回日本了。"

另一位常驻巴黎的设计师（他也曾是三宅一生的助手）也透露，他75%的顾客都来自日本，并解释：

> "我的顾客来自哪里并不会困扰我。他们也许来自日本，也许来自沙特阿拉伯，甚至来自非洲。我们有着遍布日本各地的买手，而他们告诉我，当一个乡下女孩看到我的设计，并看见标签上写着'法国制造'的时候，她笑了。穿着一件在巴黎生活的日本设计师设计的衣服让她感觉自己酷酷的。这也是为什么待在巴黎对我来说非常重要。"

另一种将"巴黎"揽作己用的方法就是常驻日本，但是每年来两次巴黎举办发布会。在常驻日本的日本设计师当中，那些参加巴黎时装周和不参加巴黎时装周的设计师中间存在着不同的等级体系。大多数设计师都会承认，日本的工厂和缝纫女工其实都比法国的要好，但是他们当中还是有很多人会选择在巴黎的郊区制造自己的衣服，因为"巴黎制造"这个标签呈现了一种光辉的形象。即便是高田贤三本人（Vidal and Rioufol，1996: 60）也曾经说过："对日本人来说，'法国制造'这个标签很重要。"

正如我们在前几章中解释过的那样，为了维持并再生这种信念和意识形态，巴黎已经通过法国时尚体系的努力成为时尚的标志，并且能够为设计师的名声添加价值。如果没有这种信念，就没有设计师会来到巴黎，巴黎也就不能维持自己时尚之都的地位。大量的"圈外人"正在努力想跻身为"圈内人"，因为这种认可是清晰可辨的，并且是发生在某个单一的机构里面——比如法国高级时装联合会——再加上一定数量在各个层面都非常有影响力的时尚门槛把持者。佐尔伯格（Zolberg，2000）则指出，这种承认可能是基于声誉、明星光环或是商业成功带来的销量。不过，这种承认是不固定的，任何艺术作品的地位和反响都有可能发生改变（Zolberg，2000: 5），因为有一个"门槛把持体系"在定位以及验证着他们的工作。这些"圈外"设计师们在推动体制变革方面扮演着非常重要的角色，而与此同时，这个体制也会对这些边缘角色加以利用。

日本设计师涌入巴黎

在初代日本设计师之后，又有一些设计师前赴后继地涌至巴黎。巴黎随后出现了第二、第三和第四代日本设计师。几乎所有这些在巴黎发展的日本设计师之间都有着各种正式或非正式的联系：有的是通过校友网络，还有一些是通过职场人脉。不论直接或非直接，这些联系都可以追溯到高田贤三、三宅一生、山本耀司、川久保玲和森英惠，因为他们已经掌握了法国时尚体系运作的方法。从图 5.1 的关系网图中，我们可以看出，他们当中最强有力也最广泛的联系是这些设计师的校友网络。他们大多数人都毕业于东京文化服装学院（Bunka School of Fashion）——首先是高田贤三，然后是小筱顺子和山本耀司等，且他们也为其他日本设计师提供了在巴黎举办发布会的机会。我在这张图里并没有纳入任何私人关系，因为要去界定他们私下的关系有多密切很难，不过我可以在我参加过的一些时装发布会上面观察到他们当中一些人的私交。举例来说，菱沼良树（Yoshiki Hishinuma）和永泽阳一（Yoichi Nagasawa）的关系似乎就还不错，虽然他们并不是一个学校毕业的，也没有在一起工作过，因为当永泽在为熊谷登喜夫（Tokio Kumagai）工作的时候，菱沼良树在为三宅一生工作。

到了 1990 年，在巴黎做一个日本设计师已经不是一件新鲜事了。在田山淳朗（Atsuro Tayama）刚到巴黎的时候，一位记者曾经这样写道（Hesse，1990: 12）："又来一个日本人！……又有一个日本服装设

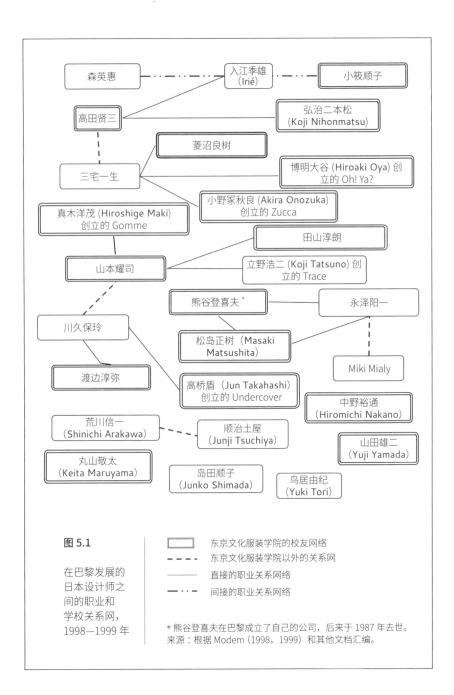

图 5.1

在巴黎发展的
日本设计师之
间的职业和
学校关系网，
1998—1999 年

东京文化服装学院的校友网络
东京文化服装学院以外的关系网
直接的职业关系网络
间接的职业关系网络

* 熊谷登喜夫在巴黎成立了自己的公司，后来于 1987 年去世。
来源：根据 Modem (1998，1999) 和其他文档汇编。

计师要在玛莱区^[1]安顿下来。"田山淳朗当时是山本耀司在巴黎的代表。在山本耀司于 1982 年在巴黎举办了发布会之后，田山淳朗回到了日本。对此，他解释（转引自 Tajima，1996: 592）说：

> "我感觉到一股想要回日本的冲动，因为我在东京文化服装学院的同学都成立了自己的公司和品牌……于是我对我当时的老板山本耀司说，我想成立自己的公司，于是他就向我投资了我成立公司所需的一半资金，然后我又从一所银行借到了剩下的一半。"

田山淳朗于 1985 年在巴黎开设了自己的第一家门店，然后又于 1990 年为 Cacharel 的女装部担任设计师（Hesse，1990: 12）。现在，他得到了一家大型日本服装公司 World Co. 的资助，且后者自 1996 年开始也一直在负责他好几条副线的营销，例如"Indivi By Atsuro Tayama"等（JTN Monthly，1998: 54）。更近一些的例子则包括，曾经为山本耀司的副线"Workshop"做设计的真木洋茂成立了自己的品牌"Gomme"，并且现在也参加了巴黎时装周，还有一个曾经为山本耀司工作的公关公司在帮助他。在伦敦遇见立野浩二之后，山本耀司也鼓励立野浩二从伦敦搬到巴黎去。对此，立野浩二表示（Paillié，1997: 91–92）：

> "巴黎很国际化，并且比伦敦更容易接纳亚洲人……法国的时尚体系更开放，并且我的设计也在那里更受欢迎……我在英国待了 13 年，

[1] Marais district，巴黎的一个区。——译者注

1970 年以来巴黎出现的
日本时尚现象

但是我从来没感觉到自己属于这里。我爱欧洲，且我现在相信了，假如有人想做时尚的话，那他就应该是在巴黎做，而不是其他任何地方。"

不仅如此，三宅一生的很多前助理现在也都成了法国时尚体系的成员。曾经从 1994 年夏天起就为三宅一生的男装系列担纲设计的泷泽直己（Pujol，1993）在三宅一生于 1999 年退休之后接管了他的女装系列。现在打理自己的品牌"Zucca"的小野冢秋良也曾经在三宅一生的工作室做过 17 年。和三宅一生一样以独特的面料而闻名的菱沼良树也曾在三宅一生手下工作过一年。为三宅一生设计配饰的博明大谷也在巴黎发布了自己的品牌"Oh! Ya?"，据说三宅一生还会时不时地去参加他的发布会。另外，耀西近藤虽然还没有登上法国高级时装联合会的官方日程名单，但是他也在巴黎成立了自己的品牌，并在日本和法国两地开展推广和营销。

川久保玲的门徒渡边淳弥现在仍然活跃在巴黎时尚界。一位时尚记者曾经说："渡边淳弥可能是现如今巴黎最火的日本设计师了。"渡边淳弥于 1984 年毕业于东京文化服装学院，随后加入了 Commes de Garçons 工作。三年后，他被选中成为"Tricot"副线的设计师，并且他还于 1992 年成立了自己的品牌"Junya Watanabe Comme des Garçons"，然后于 1993 年在巴黎举办了自己的第一次发布会。他的制衣哲学和他的导师川久保玲很相似。对于他在自己两个系列里对金属的使用，他作了如下解释（Petronio，1998: 7）：

"上一季里，我设计这个系列的出发点就是想从正常的服装版式制作里挣脱出来。那件衣服就是一块缠绕在身体外面的布料，但是我

164

需要一个可以挂住这些布料的东西，它可以是任何东西，甚至可以是一支铅笔！但是电线是最好的选择。我并没有沉迷于金属！但是不使用任何正常的制衣技巧来创作服装这个概念绝对是被我融入了这个新的系列。"

渡边淳弥的一位助手也向我解释了这两个品牌之间的互动：

"Comme des Garçons 和 Junya Watanabe 在同一栋楼里的不同楼层工作，但是我们从来不会撞见彼此。他们非常独立。我们从来不会分享彼此的设计,渡边淳弥和川久保玲也从来不会就设计交换意见。此外，他们的工作风格也很不一样。在 Junya Watanabe，我们全部人都会在同一个时间下班。也就是说，我们每天晚上都会等着其他人完成自己的工作，然后一起离开工作室。但是在 Comme des Garçons，每个人似乎都更加独立。"

曾经有报道称，川久保玲也在暗中帮助另一位设计师高桥盾（*Women's Wear Daily*，2002b: 15），也就是是日本小众潮牌"Undercover"的设计师。在川久保玲的鼓励下，高桥盾也参加了巴黎时装周，但是他想要保持自己的财务独立，而川久保玲对他的支持也仅限于建议和鼓励。

自 1973 年起就担任高田贤三的助手长达十年的入江季雄也曾为小筱弘子工作过——后者也就是小筱顺子的妹妹，并且也曾在巴黎举办过发布会。在离开 Kenzo 之后，入江季雄成立了自己的品牌和店铺，但和其他设计师不一样的是，他从来不参加巴黎时装周，也不举办独立的发布会，甚至没有服装图册；想要看他的设计就必须去到他的店里（Hesse，1984: 10），但是即便这样，他也仍然凭借着自己强大的顾客基础而保持着知名设计师的地位。一位 *Marie-Claire* 杂志的时装记者曾经这样写道："当他最开始在巴黎开设店铺的时候，他没有举办开幕仪式或发媒体通告。我们就在他的店里，看见妇女们一个一个地进来，到处看看、试试，问一些问题。当中有一些时装编辑从一开始就被他的第一个系列惊艳到了。"和高田贤三一样，他也被认为是"所有日本设计师当中最具巴黎风情的"（转引自 Ollivry，1996: 62），并且和其他很多日本设计师一样，他的设计重点也在于面料。对此，他表示（转引自 Sykes，1994: 107）："你对廓形所能做的创新和改进是有限的……让衣服独具一格的是印花和质地。"在 Irie 之后，其他一些曾经为高田贤三担任助手的设计师，譬如弘治二本松（Koji Nihonmatsu）、夫中西（Norio Nakanishi）和柳田稔广树（Hiroki Yanagida）等都成立了自己的公司，并且都常驻巴黎。

熊谷登喜夫的前助理们在他于 1987 年去世之后也纷纷成立了自己的品牌。松岛正树和永泽阳一都成了法国高级时装联合会的官方日程名单上的座上宾，而山井正（Takashi Yamai）和入江季雄一样，虽然不会举办发布会，但是拥有自己的品牌。此外，根据我在巴黎进行的调查，森英惠虽然属于高级定制圈，但是并没有其他日本设计师和她有直接的联系。她可以间接和入江季雄联系起来，因为后者被森英惠的大儿子森明（Akira）经营的品牌"Studio V"聘为了设计师。

随着日本设计师大量涌入巴黎，他们的"民族牌"也不再和以前一样好使了，但是这股潮流却似乎并没有要停止的意思（表 5.1）。根据我拿到的一份法国高级时装联合会的官方日程名单显示，参加巴黎时装周的日本设计师在 1982 年有 12 位，1984 年有 7 位，1985 年有 8 位，1988 年有 11 位，1997 年有 17 位，1998 年有 16 位，1999 年有 12 位。如果再算上那些不在官方日程名单上的日本设计师，这个数字在 1998 年和 1999 年都是 22 位（Modem，1998，1999），而这几乎占了巴黎时装周期间举办的所有的时装发布会的 20%，这些数字也再次强调了巴黎对日本设计师们的重要性。

日本时尚产业的结构性弱点

因为日本时尚体系存在一些结构性弱点，所以日本设计师还将继续活跃在巴黎，不论是永久还是暂时。当日本设计师在巴黎出名以后，人们都相信，正是"日本"时尚在 20 世纪 80 年代的广泛流行，才让东京在国际时尚之都占据了一席之地（Skov，1996: 134）。现在，距离高田贤三登上巴黎的时尚舞台已经 30 年了，距离山本耀司和川久保玲第一次出现在巴黎也有 20 年了，但是东京在"时尚"的制造方面仍然远远落后于巴黎，而所谓的"时尚"的制造也就是制订时尚潮流、塑造设计师的声誉，以及在全世界范围内传播他们的名字。作为一个时尚之都，东京仍然缺乏法国的时尚体系所具备的那种结构力量和效能。就这样，因为日本缺乏体制化以及集权化的时尚体系，日本设计师们纷纷被迫来到巴黎这个设计师的战场，而在那里，只有最具野心的人才会在竞争中存活。

表 5.1

设计师	在巴黎举办 第一场发布会的日期
Kenzo	1970
Issey Miyake	1973
Kansai Yamamoto*	1974
Yuki Torii	1975
Hanae Mori	1977
Junko Koshino	1977
Yohji Yamamoto	1981
Comme des Garçons by Rei Kawakubo	1981
Junko Shimada	1981
Hiroko Koshino*	1982
Zucca by Akira Onozuka	1988
Mitsuhiro Matsuda*	1990
Trace Koji Tatsuno	1990
Atsuro Tayama	1990
Yoshiki Hishinuma	1992
Masaki Matsushita	1992
Junya Watanabe	1993
Shinichiro Arakawa	1993
Naoki Takizawa**	1994
Koji Nihonmatsu	1995
Miki Mialy	1996
Junji Tsuchiya	1996
Yoichi Nagasawa	1997
Keita Maruyama	1997
Oh! Ya? By Hiroaki Oya	1997
Gomme by Hiroshige Maki	1997
Hiromichi Nakano	1998
Yuji Yamada	1999
Undercover by Jun Takahashi	2002

注：这张表格里的所有设计师都曾出现在法国高级时装联合会的官方日程名单上，但是他们都在巴黎时装周期间举办过发布会。

* 小筱弘子、山本宽斋和松田光弘现在已经不在巴黎举办发布会了，但是仍然在日本从事设计工作。

** 泷泽直己从 1994 年开始为三宅一生担纲男装设计，并且在三宅一生于1999 年退出自己的女装线之后接管了该系列。

来源：根据各种文档汇编。

日本时装设计师理事会

就在高级成衣协会于 1973 年在巴黎成立后不久，日本设计师也在东京成立了 TD6（Top Designers 6）。这个组织由六位知名设计师组成，包括金子宫（Isao Kaneko）、小筱顺子、花井幸子（Yukiko Hanai）、松田光宏（Mitsuhiro Matsuda）和山本宽斋（Kansai Yamamoto）。这也是高田贤三在巴黎极其受欢迎的一年，并且三宅一生也是在这一年分别于巴黎和纽约举办了第一次海外时装发布会。但是，TD6 的成员们认为，让东京成为一个时尚中心比去到其他地方举办发布会更有意义。随后，该组织缩小了一段时间，然后又在 1982 年被重新架构了起来，并且有了 12 个成员：Isao Kaneko，Takeo Kikuchi，Junko Koshino，Yukiko Hanai，Mitsuhiro Matsuda，Yohji Yamamoto，Rei Kawakubo，Yuki Torii，Hiromi Yoshida，Hiroko Koshino，Yoshie Inaba and Takao Ikeda。在接下来的一季里，三宅一生、山本宽斋和岛田顺子也都加入了进去。而这个组织自成立以来的目的只有一个，那就是建立起独特的日本时尚，并利用日本设计师们在巴黎所取得的成就，将东京提升为一个国际时尚之都。因此，"东京时装周"（Tokyo Collection）如同弦上之箭，势必会得到启动（Otsuka，1995）。

随着东京时装周的正式开始，日本时装设计师理事会（Council for Fashion Designers，简称 CFD）也于 1985 年成立了。在那之前，日本并没有一个统一的时尚体系来为设计师举办发布会，或是向买手开设陈列室。要知道，在其他任何时尚之都，买手们都可以走进设计师的陈列室，并在发布会结束之后立即下单采购。但是在日本，买手们不得不在发布会结束之后等上两三周的时间，才会等到陈列室的开放（Otsuka，1995）。

所以，该理事会的目标就是将日本境内所有与时尚相关的活动和事件都进行体制化，从而促进设计师、买手和媒体之间的联系。不过，就在 CFD 成立之初，一位法国时尚记者不无讽刺地这样写道（Piganeau，1986：3）：

> "巴黎即将要迎来它的东方对手了吗？那些并不打算在巴黎的领奖台上寻求献祭的日本设计师现在正希望能在某天用东京来取代巴黎，只不过我们还没活到那一天……日本试图将东京纳入时尚的正统路线当中来，譬如米兰、纽约和巴黎，但是这些日本品牌很多事实上是在法国成立的啊，比如 Coup de pied、C'est vrai、Tête Homme、Ethique、Madame Hanai、Madame Nicole 等，这难道不是很讽刺吗？东京怎么能够取代巴黎呢？"

不得不说，这位作者的预言是正确的。要取代巴黎并不是件容易的事。在 20 世纪 90 年代，有一百多个品牌参加了东京时装周，但是到了 2002 年 10 月，参加东京时装周的品牌已经减少到 50 个，并且这一数字一直持平到了 2003 年 3 月。不仅如此，在日本时装设计师理事会的 48 位官方成员当中，参加巴黎时装周的就有创立"Zucca"品牌的小野冢秋良、岛田顺子、为三宅一生担纲设计的泷泽直己、鸟居由纪、中野裕通、松岛正树和山本耀司。不过，根据 1996 年至 2003 年间参加东京时装周的品牌名单显示，在此期间既参加了巴黎时装周又参加了东京时装周的设计师只有鸟居由纪。她从 1975 年开始就一直在参加巴黎时装周。另一位知名日本设计师中野裕通在 2002 年 3 月之前也一直在参加东京时装周，但是该时装周最近的一份官方日程名单上已经没有他了。此外，该名单上也没有川久保玲，而山本耀司则于 1999 年 3 月出现在了官方日程名单上。三宅一生出现在东京时装周的官方日程名单上的时间是在 2000 年 10 月和 1996 年 3 月及 10 月。森英惠于 2001 年 10 月发布了自己的"森英惠新定制"（Hanae Mori Nouvelle Couture）系列，并于 1998 年 10 月、1996 年 3 月和 10 月短暂地出现在了东京时装周上。除此以外，她便一直是紧接着巴黎时装周结束之后在日本独立举办自己一年两次的发布会。其他很多曾经参加过东京时装周的年轻设计师，例如菱沼良树、永泽阳一、丸山敬太、创立"Gomme"的真木洋茂等，现在都只参加巴黎时装周。

东京时装周大约会持续一个月（Takeda，2000: 12），而这使得非日本的时装记者要参加整个活动变得不可能。举例来说，东京时装周的 2003 年秋冬系列发布就从开场的 3 月 26 日持续到了闭幕的 5 月 12 日。和巴黎、伦敦、米兰和纽约的季节性发布不一样的是，在东京举办的时装发布会从来不会引起西方媒体的关注，因为这里缺少一种世界范围的传播机制。日本的时装记者会从巴黎和其他的西方时尚之都带回大量的时尚信息，但是他们并没有能力将日本设计师介绍给世界其他地方。不仅如此，很多设计师——包括下面这位常驻巴黎的年轻日本设计师——就曾提到日本时装评论人士在批评和评价时尚方面的无能：

> "人们在巴黎看待时尚的方式极其犀利且严厉。这很有挑战性，虽然有时候有点艰苦。这些评论人士对时尚非常了解，并且他们几乎是什么都见过了，所以要让他们震惊或惊讶是很难的。但是日本人对时尚却并没有判断力。这里没有人懂得如何恰当地评论时尚。日本的

时尚报道都是描述性的，而那很无聊。"

不仅如此，更为讽刺的是，作为东京最大的百货商店之一，伊势丹的买手还是在法国的老佛爷百货（Galleries Lafayette）看到了三宅一生的设计之后才开始预定他的褶皱装（Jouve，1997: 14）。山本耀司原来的公司首席执行官也说：

"在发布这个系列之前，山本耀司还在谈论他想通过这个系列传递出去的信息。就在发布会结束之后，一位法国的时装记者就精准地读懂了他想要传达的信息，并且写了出来。看到那篇报道之后，山本耀司简直高兴坏了。他说：'这就是我为什么喜欢在巴黎发布作品的原因，他们完全知道我想表达的讯息是什么。像这样的事情绝对不会在日本发生。我简直想给这位记者送花。'不过，当这些记者对设计师提出批评的时候，他们也是很严厉的，好在山本耀司感觉那很有挑战性。"

对此，川久保玲也持类似的看法（转引自 German，1986: 304）："我喜欢听人们唱反调。在日本的媒体上，人们从来不会明确地表达自己的想法。在法国工作能让我感受到很多能量和动力。这比在日本工作更令人兴奋。"作为对亚妮·萨梅特（Janie Samet），也就是巴黎一位非常有影响力的时装记者对于自己的发布会作出的尖酸批评的回应（Samet，1989b: 25；1993a: 23）[4]，川久保玲曾经中止了继续向她寄送自己发布会的邀请函。但是不久之后，萨梅特（Samet，1996: 12）便在自己的文章中又这样写道："全世界的设计师都会选择到巴黎来发布自己的系列……Comme des Garçons 没有邀请《费加罗》(*Le Figaro*) 的记者来看秀是一个错误。我们并没有给出任何不友好的评论。"

另一位日本设计师中野裕通在日本已经出名了二十多年了，但是他也于 1998 年开始在巴黎发布自己的作品。对此，他这样说道（转引自 Webb，2003: 12）：

> "我或许在这里（日本）有点名气，但是越是这样，我越应该到巴黎去发布我的作品。我才不看重日本那些好好先生的表扬。在巴黎，人们会直抒胸臆，畅所欲言。在那里，如果你的发布会哪怕只失败一次，人们就再也不会来看了……从短期来说，我的理想就是能够在明年到巴黎去举办发布会，以便继续我的设计。我还没有在巴黎听过人们对我的喝彩呢……如果我能获得巴黎时装记者们的表扬，那我就心满意足了。"

可以说，他的评论代表了所有日本设计师的想法。其他日本设计师在巴黎的成功也强化了法国时尚门槛把持者们的美学判断，同时也削弱了他们的日本同行在这方面的权力。

用以消费的日本

日本并没有成为一个引领时尚制造的国家，反而成了一个领导时尚消费的国度。通常来说，西方的时尚设计师比他们日本的同行更受日本消费者的欢迎。在过去十年里，大型的日本公司一直在那些年轻且特别有创意的西方设计师身上投资，而这一事实就充分说明，日本人并没有满足自己对时尚设计人才的巨大需求（Crane，1993: 70）。当公司有足够的资金去投资设计师的时候，这些日本公司只会去投资西方的设计师[5]，因为日本消费者对欧美品牌有着强烈的偏好，并且伴随着欧美品牌在日本的特许生产，这样的偏好还在持续增长。一位常驻巴黎的德国设计师就透露说，曾经有日本厂家找到他，想用他的名字来发售手绢。一位向日本服装公司推介新秀设计师的日本公关则这样说道：

> "你几乎能在日本找到所有参加巴黎时装周的品牌，不论那家公司有多小。日本公司会对他们进行两到三年的投资，而假如后者不能产出利润，那么他们就会撤资。如果有哪位设计师后来变得像让-保罗·高缇耶那么出名，那么这些投资人或者买家就会说，是他们最早发现这位设计师的。"

早在20世纪60年代，大型的日本百货公司就和法国的高定设计师签署了专售协议（Otsuka，1995: 13）：阪急百货（Hankyu）和让·巴杜，西武百货（Seibu）和路易·费罗（Louis Féraud）以及圣·罗兰，三越百货（Mitsukoshi）和姬龙雪（Guy Laroche），伊势丹百货（Isetan）和皮埃尔·巴尔曼，大丸百货（Daimaru）和纪梵希，松坂屋百货（Matsuzakaya）和莲娜丽姿（Nina Ricci）等。三宅一生就对他刚开始在日本工作时的情形作过如下解释（转引自 Tsurumoto，1983: 103）：

"我不得不面对日本人对外国货的过度崇拜和对于'服装应该是什么样子'的刻板印象。所以我就从改变日本人习惯于遵从的僵化的着装公式开始着手，因为那些公式甚至都没有将他们的生活方式和生活环境纳入考虑。到了今天，我的设计仍然想要打破国家的界限。"

不幸的是，这样的情况自 20 世纪 60 年代以来并没有改善多少。举例来说，恩瓦德时装公司（Onward Kashiyama），也就是日本一家大型的服装制造商兼零售商的手上掌握着好几个设计师品牌在日本的代理权，包括 Calvin Klein、CK Calvin Klein、Ralph Lauren 和 Sonia Rykiel Inscriptions 等。此外，它还跟 Jean-Paul Gaultier、Dolce & Gabbana、Paul Smith 的女装系列、Lolita Lempicka、Stefanel、Yves Saint Laurent 的男装系列和 Cerrutti 1881 的男装系列都签订了特许授权协议（Lockwood，1995: 8-9）。此外，即便是为了恩瓦德时装公司旗下的"ICB"这样的本土私人品牌，这家公司也请来了法国品牌 Céline 之前的设计师迈克尔·科尔斯为其进行设计。此外，恩瓦德时装公司还和 Gaultier、Helmut Lang 和 Marcel Marongiu 的主线系列都签订了分销协议。另一个日本的大型服装公司 The World 更是于 1985 年收购了 Chantal Thomas 品牌 75% 的股份（Leroy，1990: 32）。

不过，这样对法国奢侈品牌进行的海外投资，尤其是来自日本的投资，在法国并不被所有法国人欢迎。在日本的西武百货和爱马仕集团联合收购了法国高定时装屋让-路易·雪莱（Jean-Louis Scherrer）[6] 76% 的股份之后（Pasquet，1990: 23），就曾有人担心，大型日本公司已经开始垄断法国的奢侈品牌。在时任法国高级时装联合会主席的雅克·穆克里埃的煽动下，法国的财政、工业和文化部部长（Ministers of Finance and Industry and Culture）拟订了一份著名的法国奢侈品牌和时尚品牌名单，假如有公司想要收购或出售名单上的品牌，就必须先拿到法国政府的官方许可（Pasquet，1990: 3）。不过，时尚行业内部也有一些支持这些日本投资方的人士，例如巴黎时尚学院的院长帕斯卡·莫朗（Pascal Morand）就曾表示（Piganeau and Sepulchre，1990: 4）:"日本人知道，创新是（时尚的一个）必不可少的元素……不论他们是为了签订特许经营协议还是为了在日本进行分销，他们的处事方式都是系统化的。他们对于正在发生的每一件事都非常专注……欧洲的财团却只对那些已经死去的设计师感兴趣，而日本人感兴趣的却是那些仍然活着或是年轻的设计师。"

在恩瓦德时装公司的总裁 Akira Baba 看来（转引自 Lockwood，1995: 8-9），日本有着两种商品类型：一种是被用作日常消费的产品，另一种则是时尚产品。对日本消费者来说，"时尚"仍然是一个西式的概念。在日本这个崇尚同质性的社会里，他们正在努力让情况发生一点微妙的变化。对日本人来说，奢侈品具有地位象征的功能，因为它们来自法国，并且价格昂贵。1997 年，法国考伯特委员会旗下奢侈品的最大进口国就是日本，并且后者的进口额占了该协会的成员单位在亚太地区总销售额的 51%，香港则以 16% 紧随其后，再之后是占 6% 的中国和占 5% 的韩国（Hamou，1998b: 11）。

日本人对西方时尚品牌的胃口永远得不到满足。虽然日本正面临着史上最严重的经济衰退，但是西方的设计师，如德赖斯·范诺顿（Dries Van Noten）、尼奥·贝奈特（Neil Barrett）和迈克尔·科尔斯（Michael

Kors）等却在东京开设了一家又一家门店（Hirano，2002: 3）。2002年9月，当路易威登全球最大的门店在东京开业的时候，好几百人从前一天晚上开始就在那栋八层高的建筑门口排队。不仅如此，路易威登的设计师马克·雅可布也在东京的主要商业区开设了自己同名品牌的第一家门店，用来展示自己的全部服装系列。对此，他的品牌发言人说（转引自 Hirano，2002: 3）："我们的门店每天上午 9:30 开业，但是在开门之前往往已经有 30 到 40 位顾客在门口排队了。这个品牌在日本真是太受欢迎了。"

对于西方设计师来说，日本市场提供了一个巨大的商机，但是对日本设计师来说，这里却不是一个生产时尚的地方。就在日本企业招徕着国外设计师的时候，西方的企业也在招徕着日本的消费者。可以说日本的设计师在市场上完全没有立足之地。即便日本遍布着培训设计师的时尚学院和对设计师进行投资的日本服装公司，东京也仍然远远比不上巴黎。虽然东京现在是亚洲的时尚之都，但却不是世界的时尚之都。将时尚从日本向西方传播的机制仍然非常有限，因此假如日本设计师想要变得世界闻名，并在全球范围发售自己的衣服的话，他们就不得不离开日本，或是到巴黎去举办发布会。

在巴黎发展的日本设计师的三种类型

在接下来的几章里，我将考察五位知名日本设计师得以进入法国时尚体系所经历的步骤，以及他们各自的个人和职业背景。此外，我还会进一步阐释他们是如何被巴黎的时尚门槛把持者们所接受，以及他们是如何将自己"体制内"的地位作为自己的符号资本，以及年轻一代的日本设计师是在如何效仿这几个类型的。他们已经向其他的外来设计师们施以了巨大的影响力，而后者当中就包括 20 世纪 80 年代中期和 90 年代早期的一群比利时设计师，并且还带领着其他一些非西方的设计师纷纷来到巴黎，例如非洲和韩国的设计师等。这些人都将巴黎当作一个通往名誉和地位的跳板，而这种名誉和地位在全世界任何地方都会受到承认。所以，我将这五位日本设计师归纳为三种类型：

类型 1：高田贤三

类型 2：川久保玲、三宅一生和山本耀司

类型 3：森英惠

这样的分类不仅符合他们各自的设计风格，同时也符合他们对法国时尚体系的操纵方式。从各个方面来看，这五位设计师都可以被视作"成功"，因为首先，他们都是法国高级时装联合会的成员：高田贤三、三宅一生、山本耀司和川久保玲属于法国高级成衣协会，而森英惠既属于高级定制协会，也属于高级成衣协会。这就意味着他们都会进入巴黎时装周的官方日程名单。其次，他们都会生产一系列的香水产品，而那正是一个设计师成功的标志。早前一批的设计师——香奈儿和保罗·波烈等——都看出了创造一款受大众欢迎的香水当中蕴含的巨大商机，因为他们设计的服装只有精英阶层才会购买，但这种香水却可以为更多的人所承担和接受。就这样，香水和设计师开始变得密不可分。再次，全世界的博物馆都曾在自己的展览当中展出过他们的设计[7]。举例来说，1987 年纽约时装技术学院举办的"三个女人"（Three Women）时装展就曾将川久保玲的设计和玛德琳·维奥内特及克莱尔·麦卡德尔

（Claire McCardell）的作品一起展出。尤其是当展览的主题涉及日本和东方的时候，不出现这五位日本设计师的作品几乎是不可能的。最后，他们都是荣获过奖项的设计师，并且都从日本、法国以及其他地方获得过服装设计类的大奖（参见附件 C 中的表 C.3）。

结 论

年轻一代的日本设计师们纷纷遵照高田贤三以及其他几位老一辈设计师的做法，对法国的时尚体系加以利用，并将"巴黎"当作自己的符号资本，而这最终也将使得他们获得经济资本。他们会参加一年两度的巴黎时装周，并努力跻入法国高级时装联合会发布的官方日程名单。此外，这些设计师都对满足日本市场、日本的服装评论人和公众不太感兴趣，因为他们只要在巴黎获得了认可，那么其他地方也就会自动认可他们。法国的时尚体系和我的案例研究当中出现的这几位日本设计师之间存在的是一种互惠的关系，因为他们对对方来说都是不可或缺的。不过，不论日本设计师在巴黎变得多么成功和出名，仍然不足以使东京成为一个国际时尚之都。

作为一个展示自己设计成果的地点，巴黎对任何国家的设计师都是开放的。很多非法国籍设计师，甚至包括很多并不是常驻巴黎的服装设计师都会去巴黎举办自己的发布会，因为这对设计师来说是一个通往流行和声名的捷径。再没有哪一个时尚之都会像巴黎这样汇聚着这么多来自各个民族和国籍背景的服装设计师了。就这样，通过将巴黎的时尚体制化，以及不仅是鼓励设计师，而且是鼓励所有的时尚专业人士都到巴黎来发展，一个该时尚体制和个人之间互相依存的关系就被建立起来了，而且可以说，这两者当中的任何一方离开另一方都不能存活。到了今天，日本设计师仍然可以将巴黎当作自己的社会资本和符号资本，而法国的时尚体系也一直在寻找新的富有创意的时装设计师，并且后者最好是像 20 世纪 70 及 80 年代的日本设计师那样才华横溢，才能替代已于 1999 年末退休的高田贤三和三宅一生。

注

1. "日本主义"这个词是在 1872 年由法国艺术评论人菲利普·伯蒂（Philippe Burty）首创的，以此来描述日本风格对法国艺术的影响，但这事实上是一个全新的领域。

2. 日本在 19 世纪 50 年代期间开埠，于是从那时开始，西式服装就成了一个被人觊觎的现代化标志。政府职员会被要求身穿西服，日本的陆军和海军也纷纷定制了法式和英式的制服。到了 80 年代，东京的社交达人们已经穿起了西式晚礼服去参加华贵的舞会了。

3. 一些曾经在巴黎受到欢迎的日本设计师，例如高田贤三之前在东京的同学松田光宏以及山本宽斋等人已经离开了巴黎，不会再出现在法国高级时装联合会的官方日程名单上了。

4. 对于川久保玲 1989 年发布的系列，萨梅特（Samet，1989b: 25）曾经这样写道："我们这是在哪儿？是在看一场时装发布会还是在疯人院？"后来，她又针对川久保玲 1994 年的系列这样写道："那些不了解时尚节拍的人必须消失。"

5. 举例来说，恩瓦德时装公司是第一个发现让 - 保罗·高缇耶的才华潜力，并在他尚且寂寂无闻的时候就对他进行了资助的公司。

6. 让 - 路易·雪莱本人后来被逐出了公司，而雪莱高级定制时装屋现在的设计师是斯蒂芬·罗兰（Stéphane Rolland）。

7. 近年来世界各地举办的关于日本时尚的展览包括：2001 年在荷兰中央博物馆（Centraal Museum in Netherlands）举办的"Made in Japan"展；2000 年在美国俄亥俄州肯特州立大学举办的"Japanese by Design"展；1999 年在纽约布鲁克林艺术博物馆（Brookly Museum of Art）举办的"Japonisme"展；1996 年在 Palais Galliéra 举办的"Japonisme et Mode: 1870—1996"展；1994 年在纽约大都会博物馆服装学院举办的"Orientalism"展；1994 年在费城艺术博物馆（Philadelphia Museum of Art）举办的"Japanese Design: A Survey since 1950"展；1983 年在亚利桑那州凤凰城艺术博物馆（Phoenix Art Musuem）举办的"A New Wave in Fashion: Three Japanese Designers"展。

Type 1: Kenzo Complete
Assimilation into the French
Fashion System

第六章
类型 1：高田贤三
对法国时尚体系的完全融入

以品牌 Kenzo 而著称的高田贤三是第一个受到法国时尚专业人士承认的日本设计师，并且他在今天仍然是全世界最有影响力的成衣设计师之一[1]。他是一个实现了很多设计师梦想的先驱，而其他很多日本设计师迄今都仍在遵循着他的步伐。在日本设计师当中，高田贤三是一个类似于神一般的存在，并且曾经被评论家盛赞为"巴黎最富有创意的设计师"，以及"被模仿最多的设计师"（McEvoy，1997: 24）。他在 30 年的时间里一直是法国时尚界的主力军，并且就零售销售额来说也是最畅销的巴黎设计师（Quinn，1984: 12）[2]。1969 年，巴黎的一位占星师曾经对当时还寂寂无闻的高田贤三说（转引自 Iwakiri，2000: 70）："你会变得世界闻名，还会发大财……可以坐着大船在全世界巡游那种发财。"作为一个极其相信命理和星座运程的人，高田贤三把这个故事告诉了他的几个朋友，但是后者只是给予了他一番嘲笑。时至今日，每个人都被这个预言的准确度震惊了。

高田贤三于 1939 年出生于姬路市，也就是日本本州岛南部的一个城市[3]。他的父母经营着一间小客栈。在 15 岁的时候，高田贤三就知道自己想做服装设计。1959 年，当时的日本还没有愿意招收男生的时尚学院或制衣学校。高田贤三那时正在神户的一所大学里上学，而当他从报纸上的一篇文章里看到东京文化服装学院[4]已经开始招收男生的时候，他便立刻从自己原来的大学辍学，来到东京，作为最早的一批男学生之一进入了东京文化服装学院。在那里，高田贤三的辅导员兼导师小池千枝（Chie Koike）那时刚从巴黎时装工会学院学成归来，而她对高田贤三讲述的关于法国的故事都让后者着迷不已。

毕业之后，高田贤三先是在东京的一家服装公司找到了一份设计师的工作。对于那个时期的自己，他曾经回忆说（Morris，1972: 23）："我在日本工作的时候，那里的工作环境对服装设计师来说并不友好，你必须对欧洲的时尚亦步亦趋。"那时的高田贤三一直梦想着造访巴黎，所以有一天，当他的房东因为翻修房子而赔偿了他 10 个月的房租，并将他从他租的公寓里赶出来之后，高田贤三没有丝毫的犹豫便和自己的同班同学松田宏光（Hiromitsu Matsuda）[5]一起，于 1964 年乘船去往了巴黎。一开始，他们只打算在巴黎待上半年。1965 年 1 月 1 日，他们抵达了马赛。后来，高田贤三在忆及这趟巴黎之行时说（Altman，1986: 12）："这是一趟改变命运的旅程。我一到那里就马上意识到我想留下来，于是我就那样做了，不过后来我也没少为钱发愁。我妈总共给我寄过两次钱，但是在我第三次跟她要钱的时候，她拒绝了，所以这迫使我去找工作。"此外，一位东京文化服装学院出版社的前编辑对于高田贤三刚开始待在巴黎的那几个月是这样回忆的：

"我从大学起就认识高田贤三了。有一次，我在巴黎出差的途中遇见了高田，而他告诉我说他短时间内不打算回日本了，并且他打算尽一切努力去将他在巴黎逗留的时间尽可能地延长。我那时很担心他，因为我知道他快没钱了。"

所以高田贤三在巴黎早期的日子就是那样，没有任何语言能力、社会人脉或是财务收入。对于当时的法国时尚体系来说，他是一个彻头彻尾的外来人员，也不知道要如何去成为一个设计师，或是养活自己。

充分利用法国的时尚体系

或许我们可以说，高田贤三是在向巴黎的小店兜售自己的设计的时候意外闯入法国时尚体系的。不论如何，他开始踏入了这个体系，而他和巴黎时尚体制内部人士的互动也开始了。或许在高田贤三看来，这就是他的宿命。当时对既有的时尚体系一无所知的他被介绍给了一个又一个体制内的时尚专业人士，而这最终又导致他被引荐给了那些有足够影响力、让他完成合法化的人物。对于他在巴黎的生活是如何好起来的，高田贤三曾经作过如下的描述（转引自 Tajima，1996: 378）：

"我那时决定要去路易·费罗的店里推销一下我的设计……而他的太太吉吉（Gigi）刚好在那儿，并花 5 美元买下了我的 5 件衣服……看到真的有人肯花钱买我设计的衣服，我感到非常吃惊，至于说钱倒并不是最重要的……我那天简直高兴坏了，所以到了第二天，我胆子越发大了，去了 *Elle* 杂志（推销我的设计）。杰克·德怀尔（Jack Dwyer）买了 10 件我的衣服，每件 50 法郎，并且全都是付的现金。对此，我简直欣喜若狂。后来，德怀尔又我让我去找一个名叫皮桑特（Pisante）的成衣制造商。我找到这个人，并告诉这位工厂主说我在找工作，于是他当场就聘用了我。我在那里做设计，在塑料模特身上立体剪裁，然后把版式画到纸上。一个经验丰富的打版师教会了我很多东西。我每天可以打一到两个版，并且学到了很多……要是我那天没有去路易·费罗的店里，我肯定已经回日本了。在接下来的 10 天里，一切都在顺利地往前推进。简直就像是在做梦。"

在那里，他先是做了一段时间的企业内聘设计师，然后便开设了自己的店铺和公司。也正是在那些年里，高田贤三开始逐渐了解到"法国时尚"的含义（Kenzo，1985: 10）：

"在我待在巴黎的头四五年时间里，我一直在观察'巴黎式的时髦和优雅'是什么意思。不论是高级定制还是高级成衣，法国的衣服都很贴合身体。它们剪裁精良，做工完美无瑕，并且凸显曲线。那就是巴黎式的时髦和优雅。这样的制衣方式有着自己对廓形、面料选择和颜色组合的要求——甚至在我看来，对人们穿着这些服装的方式也有要求。这些要求都受到了一套僵化的头脑的限制，而在我看来那是令人窒息的。"

后来，他又遭遇了一次命运的选择，那就是他撞见了一个主动要租给他一间薇薇安廊巷（Galerie Vivienne）里的小店铺的老妇人。那里环境很差，但是租金便宜，于是高田贤三搬了进去，整理打扫，然后架起了一台缝纫机。在他的店铺开张之前，他把自己设计的四五件衣服拿去给了 *Marie-Claire* 和 *Elle* 这样的法国大型时尚杂志的时装编辑们看，也从他们那里收获了很好的反馈。随后，他便立刻发出邀请函，并在店铺开业的当天举办了发布会。因为买不起自己想要的面料，他就从一个跳蚤市场上买了一些面料，然后把它们混搭在一起，制成了新的面料。对于他是如何举办自己第一场时装发布会的，高田贤三解释说（转引自 Tajima，1996: 486-487）：

> "我在举办发布会之前回了一趟日本，并且采购了很多看起来迥异而全新的日本面料……譬如用浴衣[6]和裤子制作的长袍式衬衣、用和服的宽腰带制作的裙子等。我并不打算批量生产它们，或是将它们卖给其他店铺。我和买手也没有任何关系。我这么做的主要目的就是把它们展示给时装记者，好让他们在杂志里对它们进行报道。那就是我一直以来的梦想，后来那也的确发生了。我准备了 60 个款式，并且把发布会办了两次。第一次是举办给时装记者们看的，那场大约来了 150 个人，晚上的第二场则是给朋友们举办的。"

而这就是高田贤三著名的格纹、花朵，以及格纹结合条纹的来历：他将自己在巴黎找到的碎布面料和日本的碎布面料进行了结合。在对高田贤三的成功进行解释的时候，评论家们谈论的通常是他将印花和以民间传说为灵感的设计进行结合的反传统的方法，并且他也的确对西方的

图 6.1

Kenzo 1996 年春夏系列。高田贤三
是第一个将印花和格纹进行结合的设
计师，而在他之前从来没有西方设计
师这样做过。
摄影：FirstVIEW.com

类型 1：高田贤三
对法国时尚体系的完全融入

服装款式作出了贡献。可以说，他对西式服装的重构里面融合了些许日本的风格。这么多年过去，高田贤三的设计发生过不少的变化，但是Kenzo 很多独有的特征并没有消失（图 6.1、图 6.2）。色彩和面料的结合，以及他所使用的绗缝技术都植根于日本传统。他意识到这些"异域"元素对法国人民来说具备很大的吸引力，于是他也开始向其他一些民族文化寻找灵感。此外，他还在设计中使用了没有任何曲线的直线和方形，而这二者均是衍生于日本和服。不过，虽然他保留了制衣体系的西式传统，而这种传统后来会被日本的先锋设计师们打得粉碎，但正是高田贤三的出现和成功为其他日本设计师来到巴黎铺垫了道路。对于他的风格，高田贤三自己曾经作过如下解释（Liberté: Kenzo，1987: 33）："不要再用褶皱了，我喜欢的是直线。做夏装用棉布，做冬装不用衬里。把明亮的颜色结合在一起，将花卉图案、条纹和格纹自由组合，那就是我风格的开端。"

很多时尚权威都将和服式的宽袖、多层混搭、民俗服饰、冬布、爆发的亮色、背心、垮裤和工装裤等潮流的兴起归功于高田贤三（Dorsey，1976）。正如高田贤三的传记作者所写的那样（Sainderichinn，1998: 17）："高田是一个色彩的魔法师。自他于 20 世纪 60 年代中期从日本移居到巴黎开始，他就全身心地投入到了适穿且活泼的服装创造当中，换句话说，也就是没有层级制度的时尚。"虽然他并非单枪匹马，但是高田贤三也的确让时尚民主化了。20 世纪 70 年代是一个人们眼见着时尚变得越来越平易近人的时代，很多像索尼亚·里基尔（Sonia Rykiel）这样新涌现的成衣设计师就对这种新动向作出了重大的贡献。

要对他第一场发布会的巨大影响进行充分的估量，我们可以参考法

图 6.2

Kenzo 2000 年春夏系列。亮色的花
卉图案和没有褶的直线是高田贤三的
标志。
摄影：FirstVIEW.com

类型 1：高田贤三
对法国时尚体系的完全融入

国周刊《新观察家》（*Nouvel Observateur*）的时装记者玛莉耶拉·瑞吉妮(Mariella Righini)写的这段话(转引自 Sainderichinn, 1981: 8)："他的灵感来自非常、非常遥远的地方，而且非常微妙，从不刻意。他从不显山露水，只会含蓄指引……比起和服，我认为我们更应该从花卉艺术当中去发现他的灵感。"而就在他举办了自己的第一场发布会之后不久，高田贤三采用日本刺子绣（Sashiko），也就是日本一种传统的缝纫技巧所进行的设计就出现在了 1970 年 6 月刊的 *Elle* 杂志封面上，而这在今天的很多设计师眼里仍然是通往成功的关键一步[7]。高田贤三是第一个将原先在日本并不被视作时髦的服装元素带到西方，并将其变得时髦的日本设计师。或许和他之后的设计师比起来，高田贤三并不算是非常激进或先锋前卫的，但是他的成就也显示了：将并不时髦的东西变得时髦取决于这些衣服所处的环境，以及这些服装所经历的过程。后来，在 1971 年 3 月，*Elle* 杂志又用了四个彩页来介绍高田贤三的设计，并附了一段高度评价的前言：

> "在他融合了大胆用色和印花的设计当中，樱花花朵和一小时的祈祷隐约可见，而且他知道怎么去蚀刻。此外，就像在他的祖国日本那样，人们会用三根树枝制作一捧花束，用三米长的棉布和一根穗带创造一款花裙，高田贤三所呈现的设计也是巴黎从未见过的。"

不得不说，高田贤三是一位非常有创意的设计师，但是 Kenzo 的成功并非仅仅取决于设计因素。不论一个设计师多么有才华，他都不能免于遭受外部力量的影响。我将高田贤三的空前成功归结于他的日本设计师身份，以及他为完全融入法国时尚界所做的努力和尝试。仿佛是为了补偿他日本身份的缺失，他通常被人们描述为是所有在巴黎发展并获得了成功的日本设计师当中最不"日本"而最"巴黎"的一个。一位在法国非常有影响力的时尚记者就曾经这样写道（Samet，1989a: 20）："高田贤三正在一年一年地变得越来越'巴黎'。你说他是日本人？别开玩笑了，在日本的话他当然是日本人，但在这里不是。"

可以说，高田贤三充分利用了法国时尚体系在 20 世纪 60 年代和 70 年代发生的结构性变革，因为该体系当时正处在对升级版的成衣进行重新定义和创造的过程当中。不断涌现的成衣设计师可以满足更大的市场需求，并且产生更多的利润，而随着人们生活方式的演变，对高级定制和昂贵服装的需求越来越少，不少高定服装设计师开始进入成衣领域[8]。也就是说，一些高定服装设计师也开始设计成衣，只是它们的价格仍然十分昂贵，并不能为大众所承受。毕竟，大众原来所能负担的衣服都非常粗陋，而那些专注于成衣的设计师则用价格低廉但充满创意的衣服填补了这一市场空白。

这也正是本书在第二章里讨论过的由前法国高级时装联合会主席迪迪埃·戈巴赫发起的"设计师与工业"（Créateurs et Industriels）活动的发端。高田贤三也和其他一些年轻设计师一起参加了这场活动，而在这场活动当中发布的服装和传统的高级定制完全不同，因为这些设计师的作品塑造的是一种基于 20 世纪 60 年代反文化运动的反传统，甚至是反文化的形象。与此同时，"成衣设计师"这个词也在这个时候应运而生。到了 70 年代，这些设计师迅速进入了奢侈服装行业的下游梯队，并为那些比高定设计师的顾客更年轻的顾客群提供昂贵而前卫的服装

(Crane，1993: 59)。就这样，高田贤三参加了这场新运动，而这正好发生在一个时尚体系进行制度性变革的时候。所以，他的确是在正确的时间出现在了正确的地点。或许这真的是他的宿命。

到了这个时候，高田贤三已经对法国的时尚体系有了足够的了解，以至于可以对后者进行操纵和利用。他的第一场发布会举办于 1970 年 4 月，然后他在同年的 7 月和 10 月，以及 1971 年的 1 月又举办了三场发布会。法国高定时装周举办的时间是每年的 1 月和 7 月，所以每到这个时候，时装记者、编辑和买手们都会齐聚巴黎。可以说高田贤三抓住了一切机会去展示自己的设计，以至于从他在自己的小店里举办的第一场发布会开始，他就吸引了法国媒体的注意。随着他在 1971 年 4 月举办的发布会大获成功，高田贤三也迅速获得了全球时尚专业人士的承认。1971 年 10 月，高田贤三和索尼亚·里基尔、伊夫·圣·罗兰等设计师一起，集体举办了一场高级成衣发布会（Grumbach，1993），而这场活动也促使时尚业内人士开始有系统地正式举办巴黎时装周，并将我们之前曾经阐释过的"高级成衣"这种新型成衣进行了体制化。直到 1975 年 6 月，高田贤三才将自己的发布会搬到了东京。对于高田贤三来说，日本或许只是他的第二市场，而对于日本设计师来说，他的这一举动所传达的信息就是：任何设计师想要成功都必须先获得法国时尚界，也就是法国高级时装联合会及它下属的时尚门槛把持者的认可。

法国式的管理和日本式的创意团队

和他之后的很多日本设计师不同，高田贤三的公司管理团队一直都是法国人。从他在巴黎的职业生涯的起点开始，高田贤三的身边就一直有一个帮他打理公司财务的法国搭档。最开始这个人是吉尔斯·莱斯（Gilles Raysse）[9]，然后换成了沙维尔·德·卡斯特勒（Xavier de Castelle）[10]，再然后又是弗朗索瓦·朗博菲梅（François Beaufumé）[11]。在高田贤三把自己的全部股份卖掉之前，法国最富有的商人，也就是路威酩轩集团（LVMH）现任的总裁伯纳德·阿诺特也持有高田贤三公司的部分股份。1993 年，高田贤三同意将自己的所有股份抛出，并为该品牌继续担任了六年的设计师。不过，随着他最后一场发布会在 1999 年 10 月结束，高田贤三也随之退休，只有"Kenzo"这个品牌名存续至今。

不过，虽然高田贤三一直让法国人来为自己打理公司财务，但是他的设计助手却总是日本人。高田贤三在东京服装文化学院的老同学，同时也是他的密友兼坚定拥趸——近藤厚子（Atsuko Kondo）[12] 从高田贤三开设第一家门店的时候起就和他在一起工作。对于在这家公司工作的情况，高田贤三的一位前助理作过如下解释："我在 Kenzo 工作的时候，整个的创意团队都是日本人。我在那里工作了 13 年，还有很多人待的时间和我一样长。那里的整个氛围都很日本。"另一位高田贤三的助理也表示：

> "我在那里工作了 5 年，这个时间和其他人比起来是很短的。从一家公司跳槽到另一家并不是我们日本的文化传统。在法国，设计师会跟在美国一样，在一家公司工作一两年后就跳槽到另一家，从而获得更好的职位和更高的工资，但是我们日本人就不会那样做。"

即便弥漫着日本式的氛围，但是高田贤三的公司还是有着一条不成文的规定，那就是在公司里不能讲日语，即便是日本人和日本人之间也不行。高田贤三的另一位前助理跟我分享了一个有趣的故事：

> "那种感觉很奇怪。我那时刚到巴黎，还不太会讲法语。有一次，我不得不用法语向我的日本同事询问一件事，而那位同事的法语也带着浓重的日本口音。本来我们用日语两分钟就能说完的一件事（就因为不能说日语）让我们足足说了 20 到 30 分钟。那种感觉很荒谬，但这就是高田贤三立下的规矩……随着公司越做越大，公司文化也变得越来越法国化，或者说西方化。很多非日本籍的设计师被招了进来，而在高田贤三将公司整个卖给了那个有钱的法国人 [1] 之后，有传闻说他们正暗中把日本员工从公司里排挤出去。不过那倒不是我离开那里的原因，我离开是因为我想成立我自己的公司。"

虽然高田贤三从来没有直接对年轻一代的设计师进行过培训，好让他们可以接自己的班，但是那些曾经在他手下工作的人无不自立门户，成立了自己的品牌。对此，一位设计师就曾表示："任何一个想要成为设计师的人一定都会想要成立自己的同名品牌。如果有人否认这一点，那他一定是个大骗子，尤其是如果他的抱负还足以驱使他从日本大老远地跑来巴黎。"高田贤三的一位前助理，也就是一位通过高田

---

[1] 指伯纳德·阿诺特。——译者注

贤三在日本的导师介绍而得到这份工作的东京文化服装学院毕业生曾经私下向我承认说："我知道我的设计风格和高田贤三完全没有任何相似之处，但是我想来巴黎，而为高田贤三工作才能让我拿到在巴黎合法就业的手续。"

要说高田贤三对全体日本设计师最大的贡献，那就是他让后者知道，即便是一位非西方的外来人士也可以通过将巴黎当作大本营而在时尚体制内部获得相当高的地位。不仅如此，高田贤三通过自己在巴黎的成功而获得的符号资本也让他进而获得了大量经济资本。一位在巴黎发展的日本设计师告诉我：

> "我留在巴黎是因为我想要获得欧洲人的承认。他们对时尚的看法更为严苛。如果你在这里做设计并且常驻巴黎，那么你所面临的挑战将会更大。我才不想一年来两次巴黎举办两场发布会，就为了给我的名字增加一点额外的价值，或是让它在日本听起来更高大上，虽然参加巴黎时装周带来的声望和形象对于日本的设计师和消费者来说的确影响非常巨大。只有高田贤三和森英惠两人是常驻巴黎的设计师，其他人则是常驻东京……对于那些在日本经营得很好的设计师来说，起码在钱这方面，在巴黎举办一场发布会并没有什么大不了的，也就是说以日本的标准来看那并不是很昂贵。在东京租用一个发布会场地那才叫贵。"

年轻一代的日本设计师们坚定地相信，留在巴黎就意味着他们将自己置身于了一个更具挑战但同时也更有回报的竞技场。比起他们自己国人，这些设计师更看重欧洲人，尤其是法国人对他们的评价。这就是为什么高田贤三是所有在巴黎发展的日本设计师当中最受尊敬的设计师，并且至今还有人在模仿高田贤三最开始在巴黎发展时所采用的一些策略和方法。譬如一位正在巴黎发展的日本设计师就表示：

"我刚到巴黎的时候就曾经像高田贤三那样挨家挨户地去兜售我的设计和衣服。大多数时候别人都不会买，但是他们会给出一些建议和评论。举例来说，日本的衣服通常只有两个尺码，但是在法国，你至少得做出四个尺码。后来过了一段时间，我就不再那样做了，因为我发现，去参加商品交易会的回报相比之下还更大。"

另一位常驻巴黎但是只跟日本买手进行交易的日本设计师则表示：

"我的衣服不会在巴黎出售。我和名古屋，也就是我在日本的家乡那里的一家店铺有生意往来。就设计和创造来说，的确是在巴黎做更适合，因为没有多少日本投资人理解'创新'的含义……日本有着足够的资本去培养有才华的设计师。在我看来，一些日本设计师的才华甚至足够和阿玛尼或香奈儿媲美，但不幸的是，日本的投资人往往只喜欢资助那些西方的设计师，这是因为日本的消费者更喜欢后者。说到底，毕竟时尚也只是一门生意，而那些生意人需要从中赚钱。"

这些日本设计师对于自己常驻巴黎很是感到骄傲，但是为了公司能够存活，他们当中的大多数人还是跟日本有着生意往来，或是接受着来自日本的资助。如果说被法国的时尚门槛把持者捧上神坛就是一个设计师可以获得的终极地位，那么再没有人获得过高田贤三那样好的机会，因为他是在巴黎功成名就之后才又回到日本举办的发布会。高田贤三作为一个外国设计师而被法国时尚体系完全接纳的境遇是很难再被复制了。将日本背景当作"民族牌"也不再是什么新鲜事。鉴于时尚的精髓就是"创新"，现在想要再设计出从未被巴黎的时装记者和编辑们所见过的日式风格也越来越难了。不过，一位日本设计师向我解释说，所有那些在巴黎获得成功的日本设计师都为其他日本设计师作出了一份贡献，那就是他们让法国人知道了"日本设计师是很有才华的，并且我们会做高质量的服装。法国人的脑海里会一直存在这种假设，所以每当一位新的日本设计师来到巴黎，他们都还是会对他／她保有一丝好奇，而这在我看来非常重要"。

高田贤三在巴黎的成功带给日本的影响

作为第一个将日本文化介绍给西方世界的日本设计师，高田贤三可以说是一位先驱。他不仅对法国的时尚风貌造成了相当的影响，对日本的时尚界来说也是如此。他在巴黎的成功大大激励了年轻一代的日本设计师，并成功将东京文化服装学院从一所女性的缝纫学校转变为了一所专业的服装设计学院。到了今天，这所学校已经是日本最大的时尚学院，并且有一半的学生都是男生。

在还是学生的时候，高田贤三获得过一次东京文化服装学院的"装苑奖"（So-En Award），而伴随着他在巴黎取得成功，东京文化服装学院的学生也开始相信，赢得这个奖项就是通往在巴黎成名的必经之路。然而据一位比高田贤三更早从这所学校毕业的设计师透露："在我读书那会儿，'装苑奖'并不构成多重的分量。但是在高田贤三获得这个奖并出名之后，这个奖也跟着变得重要起来。每个人都相信，这是一条通往海外成名的道路，尤其是在巴黎成名。"事实上，"装苑奖"设立于1956 年，是为了纪念 *So-En* 这本由东京文化服装学院出版的杂志发行 20 周年。那时的日本时尚还远远落后于欧洲和美国的时尚。虽然日本有很多的裁缝和缝纫制衣学校，但是没有什么人来引领时尚。可以说，这个奖的设立寄托了 *So-En* 杂志的编辑总监今井田功（Isao Imaida）的一个希望，那就是在日本发掘"真正"的设计师。

这项竞赛面向日本全体公众开放，不论有没有受过专业的时尚或制衣训练都可以参加，但是东京文化服装学院的学生大都会被导师强制要求参加。一位最近刚从该学院毕业的学生解释：

> "到了大学最后一年，我们的教授几乎是强制性地要求我们去参加这项比赛。她会让我们仔细挑选一位裁判，并根据他或她的品位去进行设计。这些裁判都是著名的服装设计师，比如山本耀司和小筱顺子等。这项竞赛有着一个月的限期，所以我们每个月都会比赛一次；对于像我这样的人来说，这简直是一场折磨。毕竟我们当中有些人只想在毕业以后做一个服装公司的设计师。我很喜欢做衣服，那也是我到东京文化服装学院上学的原因，但是我并不想成为一个高田贤三那样的大人物，我对去巴黎发展也毫无兴趣。"

关于这场比赛，每位参赛者都可以从五位受命的裁判当中选择一位作为自己的裁判。每个月，裁判们都会从提交的设计草图当中选出五幅作品，然后让参赛者将它们做成成品，并在 *So-En* 杂志上发表。每六个月，被选出的 30 件作品还会在东京文化服装学院的礼堂举办的发布会上进行展示，并将最后的大奖颁给其中一位参赛者。很多现在或曾经在巴黎发展的日本设计师都得过这个奖，譬如小筱顺子获奖于 1960 年，高田贤三获奖于 1961 年，山本宽斋获奖于 1967 年，熊谷登喜夫获奖于 1968 年（山本耀司是那一年的大奖候补得主），以及山本耀司获奖于 1971 年。松田光宏也曾是 1960 年和 1961 年的候补得主，三宅一生在 1963 年也两次成为候补得主（*So-En*，1995: 14）。和其他在海外（尤其是在巴黎）取得成功并出名的设计师一道，高田贤三大大提高了这个奖项的声望。

此外，高田贤三和他在东京文化服装学院的导师小池千枝的关系也一直很好，并且认为是后者在日本服装产业还在使用平面打版的时候教会了他和其他学生如何进行立体剪裁，只是小池千枝现在已经进入耄耋之年，并且早已退休（Liberté: Kenzo，1987: 33）。

> "在我上学的时候，小池千枝教授的课程非常有启发性。那时她刚从巴黎时装工会学院学成归来，并且总是会在课上谈起她在巴黎的同学伊夫·圣·罗兰，以及其他很多关于巴黎的事情。松田光宏和小筱顺子那时跟我是同班同学，还有后来成为我在巴黎的左膀右臂的近藤厚子……我也从那个时候才开始了解到什么是立体剪裁。做衣服其实跟几何和建筑设计很像，你画的每一条线都应该师出有名。"

小池千枝是很多毕业于东京文化服装学院的日本设计师的导师，而她自己也成为日本时尚界里一个殿堂级的特殊人物。山本耀司也是她的学生之一。曾经时不时地，高田贤三还会回到东京文化服装学院去招募助手。

结 论

高田贤三是第一个将日本文化介绍给国际时尚界的日本设计师。很明显，高田贤三和法国的时尚体系之间存在着相互依存的关系。也就是说，他们之间的关系是互惠的。不论一个设计师多么有才华，他／她都不可能独立于体系之外存在，而我们这里说的"体系"指的就是一个将设计师合法化为"巴黎设计师"的体系。为了将自己延续下去，这个体系就必须接受风格上的创新来防止体系陷入退化。高田贤三的设计风格非常独特且与众不同，但是和 20 世纪 80 年代的另一拨日本设计师比起来，他并没有那么激进。所以在接下来的一章里，我们将讨论另外三位创建了日本前卫时尚的服装设计师。

注

1. 他于 1999 年从 Kenzo 品牌设计师的职位退休，但是他在近年[1]

[1] 本书原版出版于 2004 年。——译者注

又创立了一个新的品牌。

2. 该品牌的销售额从 1982 年的 1.35 亿法郎（约合 2250 万美元）增长到了 1991 年的 7.5 亿法郎（约 1.25 亿美元）（Forestier，1991: 15）。到了 20 世纪 80 年代末，Kenzo 公司的员工已经超过了 400 人。

3. 可以在 Sainderichinn（1981,1998）的著作和 *Kenzo*（1985）一书了解到他的生平。

4. 这所学校通常被称作"东京文化服装学院"，而非"东京文化服装学校"。此外，这所学校还分别设有一个四年制和两年制的大学课程，并且都只招收女生。高田贤三和山本耀司的毕业学校都是东京文化服装学院，而我在本章将其简称为 Bunka。

5. 他为一个名叫"Nicole"的日本流行品牌进行设计。

6. 这是一种用棉布制作的夏季和服。

7. 一位仍在苦苦奋斗的设计师向我表示："我梦想着我的设计有一天可以登上 *Elle* 和 *Marie-Claire* 这样的主流时尚杂志封面。对于任何想要在巴黎出人头地的设计师来说，这都是一个终极梦想。"

8. 很多高级定制设计师都开展了高级成衣业务，并且同时也成为"成衣设计师"。到了今天，受法国高级时装联合会官方认证的 11 位高定服装设计师都有了自己的高级成衣线。

9. 1980 年，有人发现吉尔斯·莱斯将公司资金用作自己的私人开支，并让公司因此陷入债务。事情败露之后，他被逐出了公司。

10. 沙维尔·德·卡斯特勒是高田贤三的商业搭档，负责为后者打理公司财务，但是他从未在高田贤三的公司里担任过任何正式职位。沙维尔·德·卡斯特勒于 1990 年去世。

11. 弗朗索瓦·朗博菲梅他是通过沙维尔·德·卡斯特勒的介绍进入高田贤三公司的，但是在沙维尔·德·卡斯特勒死后，有报道称他将公司股份卖给了伯纳德·阿诺特，而这也让他和高田贤三的关系破裂。

12. 高田贤三和近藤厚子总共持有公司 65% 的股权，但是他们后来全部都抛售了。

第七章

类型 2：川久保玲、三宅一生和山本耀司构建日本前卫时尚

20 世纪 80 年代初，新一代的日本设计师成了巴黎这个国际时尚竞技场里的主要角力选手。给自己的品牌命名为 "Comme des Garçons" 的川久保玲和山本耀司开始和当时已经功成名就的三宅一生一起在巴黎发布自己的设计，而后者也可以被视作前卫时尚的创始人。这三位设计师一起形成并开创了一种新的时尚类型，叫作"日本前卫时尚"(Japanese Avant-Garde Fashion)，虽然这样的归类并非他们自己的本意。川久保玲就曾表示（Séguret，1988: 141）："很显然我们并没有打算成立一个'时尚三人组'，但是我们都有一股强烈的冲动，那就是想要设计一种全新的、个性化的、一看就是出自我们之手的服装。至于剩下的，那就是我们这一群被贴上'日本'标签的群体效应在起作用了。"三宅一生曾经也对这种现象解释说（Wood，1996: 32）："在 20 世纪 80 年代，

几个日本时装设计师带来了一种新的创意，那是欧洲人从未见过的。或许当时有一点冲击效应在起作用，但是那可能也让欧洲人突然意识到一种新价值观的存在。"

虽然高田贤三被认为是所有日本设计师的先驱，但是后来开创了以单色调、不对称造型和松垮宽大为特征的新风格的却是川久保玲、三宅一生和山本耀司。他们的设计完全脱离了传统。有些评论人士将他们的设计风格称作"末日余生"（The Day After）和"后广岛时代"（Post Hiroshima）（Withers，1987: 52），甚至还有一些称它们为"巴黎的制衣革命"（Yamamoto in Tajima，1996: 591）。可以说，他们为那些打破了东方和西方、时尚和非时尚、现代和非现代之间界限的设计师对服装进行后现代的解读搭建了舞台。和高田贤三一样，这些设计师对于历史当中沿袭下来的服装非常看重，其中就包括日本农民根据农耕需要而设计的衣服，并且采用了绝对不会被日本人视为时髦的古日本染色面料和绗缝技术。这些设计师们将这些古老的服装元素呈现给了时尚界，并让那些"被忽视"的元素有机会被世人所知，还把它们变成了"时尚"。他们的设计方法构成了一整个体系，其目的就是推翻现有的服装和时尚规则。

所以，我在这个章节将会尝试着去探讨他们是如何在西方得到了承认和接受的 [1]，以及他们为什么会被视作"前卫"。和高田贤三不同，这三位设计师在来到巴黎之前就已经在日本成立了自己的公司：三宅一生的公司成立于 1970 年，山本耀司的公司成立于 1972 年，川久保玲的公司成立于 1975 年。三宅一生于 1971 年在东京开设了自己的门店，而山本耀司的第一家日本门店则于 1976 年开设在东京的一家大型商场里面，并且不凑巧的是，它就开在川久保玲的"Comme des Garçons"旁边。不过，西方的时尚专业人士普遍认为，巴黎在他们的职业生涯中代表的是一个出发点，而不是一个阶段，并且还常常把它当作一个参照点，因为在那以前，这几位日本设计师在日本以外的地方都还是寂寂无闻。从表面上来看，他们就像是不知道从哪里冒了出来，然后就登上了国际名誉的舞台，并且立刻取得了成功，但事实上，他们对法国时尚体系的登堂入室是经过精心策划的，并且直到今天也仍然对自己在该体系内部的存在进行有策略的操控。

登堂入室的过程

三宅一生 1939 年出生于日本广岛，和高田贤三同岁。但是和高田贤三及山本耀司不一样的是，他并不是从东京文化服装学院毕业的，而是毕业于一所艺术院校——多摩大学（Tama University），并在那里主修平面设计。1965 年，从多摩大学毕业以后，三宅一生来到了巴黎，并且他来的时间只比高田贤三晚三个月。事实上，他们俩在东京的时候就互相认识了（Quinn，1984: 12），并且同在巴黎服装工会学院学了一年裁缝和制衣。1966 年，三宅一生得到了一个在法国高定服装设计师姬龙雪的门下当学徒的机会。两年之后，他又开始给另一位法国高定设计师于贝尔·德·纪梵希担任助手。在那之后，他又跑去纽约为美国设计师杰弗里·比尼（Geoffrey Beene）工作，最后回到东京，并于 1970 年在那里成立了"三宅一生设计工作室"（Miyake Design Studio）。和森英惠一样，三宅一生也是在朋友的帮助下在纽约发布了自己的设计作品。金井清为他的新公司设计了一个商标，而他的夫人淳子当时正在 *Vogue* 杂志担任编辑助理，于是她就把三宅一生的设计样品带去了杂志社的办公室和布鲁明戴尔百货（Bloomingdale's），而这两拨人在看过样品之后都非常激动，布鲁明戴尔百货甚至还专门为三宅一生在商场的一个角落里开辟了一家特定小店。三宅一生刚来纽约的时候只带了一小拨自己的设计作品，其中包括刺子绣外套和染成日本文身图样的紧身 T 恤。到了 1973 年，成衣第一次在巴黎得到了体制化，并正式成为法国高级时装联合会的组成部分，而时任该联合会主席的迪迪埃·戈巴赫便邀请三宅一生于 1973 年 4 月到巴黎去和另外七位设计师一起举办一场联合发布会。两年之后，三宅一生便在巴黎开设了自己的一家门店。

就这样，三宅一生早在山本耀司和川久保玲之前就开始在巴黎办秀了，但是他在巴黎的地位随着后两位设计师的出现而得到了进一步的巩固，这三位设计师也经常被称为是引领了巴黎时尚界的日本前卫时尚现象的"三巨头"（The Big Three）。尤其是山本耀司和川久保玲这两人更是经常在媒体里被一并提起，因为他们是同时出现在巴黎时尚界的，只是这并不是巧合，而是经过了精心的计划和安排。在谈到川久保玲的时候，山本耀司说她是自己"非常强有力的竞争对手"，也是"我奥林匹克运动会的开始"（转引自 Menkes，2000b: 11）。当买手第一次在一家商场里为山本耀司开辟一个角落，他的选址也刚好是在川久保玲的隔壁。

山本耀司出生于 1943 年，川久保玲出生于 1941 年，且两人的出生地都是东京。另外，他们还都是毕业于庆应义塾大学（Keio

University)，也就是日本的一家私立大学。在 1969 年成立自己的品牌之前，川久保玲曾在广告行业里担任过造型师，所以这或许能够解释她对自己的作品出现在 T 台、零售环境和她公司的出版物里所呈现的视觉效果显示出的掌控力。山本耀司则和高田贤三一样，从庆应义塾大学毕业之后又去了东京文化服装学院进修时尚，而那时候这所学校里的男生仍然只占全体学生的 1%。和高田贤三一样，山本耀司也荣获了"装苑奖"，并赢得了一张去往巴黎的机票。1968 年，他用这张机票在巴黎逗留了一整年，并且尝试像高田贤三那样到巴黎的百货公司和时尚杂志去兜售自己的草图，但是并没有人想买，于是一年过后他便回家了（Gottfried，1982: 5）。回到日本之后，他开始在母亲的制衣店里工作，并于 1973 年成立了自己的公司，在东京举办了时装发布会，然后逐渐拓展着自己的业务，计划着挺进巴黎时尚界。

1978 年，山本耀司将自己的一名员工——同时也是他在东京文化服装学院的校友——田山淳朗派去了巴黎，以便筹备自己在巴黎的时装发布会。他先是成立了一家名叫"Yohji Yamamoto Europe S.A."的欧洲公司，然后在位于巴黎市中心的购物中心 Les Halles 开设了一家门店，出售的所有商品都是从日本进口。后来，田山淳朗通过一位共同的朋友在巴黎认识了一位日本商人，名叫斋藤修（Osamu Saito），便聘请后者来为山本耀司的公司担任高管，并为巴黎时装周的发布会进行筹备。山本耀司后来解释说，和川久保玲一起在 1981 年的巴黎高级成衣时装周期间举办自己的第一场发布会是他想出来的策略，因为那样造成的影响力会更大一些（转引自 Tajima，1996: 587）：

"是我说服川久保玲女士和我一起在巴黎办秀的。她一开始不大愿意，但是我最终还是说服了她。其结果就是，我们在 1981 年 4 月一起举办发布会这一事实引起了很大的反响，并且变得非常有影响力，也对法国的时尚界造成了巨大的冲击。"

在川久保玲的传记中，萨迪奇（Sudjic，1990: 53）曾经解释说，去巴黎发展是一项长期的投资，而川久保玲知道，那会在短期内用掉她很多钱，但她同时也知道，假如她想被认作一个真正意义上的国际知名设计师，那她就必须要去巴黎，因为西方国家的买手和时尚媒体非常不愿意大老远地跑到日本去看日本设计师的发布会。1981 年 4 月，为了举办自己在巴黎的第一次发布会，川久保玲从日本带了五个人和她一起去了巴黎，并且请来了五名模特。发布会的举办地点是在巴黎洲际酒店，而川久保玲和山本耀司都没有料到它会如此成功，并会进而受到如此广泛的关注。山本耀司的前助理说：

"我感觉他的第一场发布会并不是那么成功。来看秀的大约也就百来个人。他并不像某些人想的那样是一夜成名。在第一场发布会结束之后，一位著名的法国公关找到我们，说山本耀司的设计让他颇受打动，于是提出来想为我们打理山本耀司在巴黎的公关事宜。在那之后，山本耀司的成功就成了现象级的了。"

因为知道自己在巴黎并没有任何人脉，山本耀司也说自己在举办了第一次发布会之后并没抱什么期待（转引自 Tajima，1996: 587）："我在法国并不认识什么时装记者，所以我知道自己的发布会吸引不了很多人来看，虽然我那时已经在巴黎开了一家门店。其实我只想在一家小店里举办一场小型的发布会。我甚至都没有为买手准备一间供他们在发布会结束之后查看我的设计的作品陈列室。"

虽然他们这一场发布会举办之后收到的反馈褒贬不一，其间还不乏一些批评的声音，但是这些评论却足够有煽动性，以至于让整个法国时尚界都为之一震；在接下来的一季里，山本耀司、川久保玲就和三宅一生一起登上了法国高级时装联合会的官方日程名单，虽然后者当时已经是巴黎时装周的常客了。到了他们举办第二场巴黎发布会的时候，买手们已经会蜂拥进山本耀司的陈列室，站在四面环绕的镜子跟前试穿他的春季系列里那些精细复杂的款式（Foley，1998: 35）。山本耀司还曾回忆过自己在一份报纸里读到了关于自己和川久保玲这场秀的报道（转引自 Tajima，1996: 591）：

> "我还记得，当我在看到法国《解放报》对我们的报道后心想，他们真是严重高估了我们的才华，而我当时的反应是：'哦，原来我们进行了一场制衣界的革命。'我们当然很兴奋，但也突然感觉到要开始对未来负责，而且没有回头路了。新闻记者可以通过自己的评论和批评对设计师产生这么大的激励作用，这真是有点神奇，但那同时也令人畏惧。在那场发布会之后，来我的陈列室的买手已经多到快要把电梯挤坏了。"

川久保玲也很快在法国成立了自己的公司，并于 1982 年——也就是她在巴黎举办了第一场发布会的一年之后——在巴黎开设了自己的门店。另外，开始把自己的衣服放到法国生产也是她的一项策略，因为那可以让她的衣服被打上"法国制造"的标签，而不仅仅是为了"克服因为日元汇率飙升带来的高额零售价格"（Sudjic，1990: 54）。关于她第一场发布会的激进风格，川久保玲只是淡淡地说道："那是为了让我们的作品进入人们视野的一个小游戏。"（Séguret，1988: 141）

在巴黎的发布会结束之后，他们的成功迅速传播到了他们的祖国——日本。一位曾经参加过山本耀司发布会的法国时尚总监回忆说（转引自 Gottfried，1982: 5）：

> "我去年 11 月的时候身在东京，而他当时在一个有好几个足球场那么大的体育馆里举办了发布会。场地里挤满了年轻人，T 台则贯穿了整个体育馆。模特们一个个地走了出来，台下的每个人都屏息静气地看着。走秀结束之后，山本耀司从后台走了出来，而这时候突然全场爆发了。那些年轻人大声叫着他的名字，仿佛他是一个摇滚明星。发布会结束之后，他们还在场馆里等着想见他，或是碰一碰他。"

川久保玲、三宅一生和山本耀司从未缺席过任何一届巴黎时装周：三宅一生是从 1973 年开始，川久保玲和山本耀司则是始于 1981 年。他们迄今仍在参加巴黎高级成衣时装周。三宅一生对此解释说（Chandès，1998: 112）："每年举办两次时装周就像是在医生那里做一次彻底的体检。"不过，他还得再加上一句："这种体检必须得在巴黎而非东京做。"

对西方的服装体系发起挑战

"前卫"这个词形容的是一群对于离经叛道的美学价值有着强烈坚守，并且对流行文化和中产阶级生活方式都非常抵触的艺术家（Crane，1987: 1）。他们通常对主流的社会价值观和既有的艺术传统持对立的态度。而这三位时装设计师也对社会既有的一切服装款式进行了反叛。他们发现，不被传统、习俗和地理位置所限制，并且在表达形状、颜色和质地的时候摆脱所有影响是非常重要的。他们不仅挑战了日本社会的世俗规范，还挑战了西方社会的标准。川久保玲在她少有的接受日本时尚评论人平川竹二（Takeji Hirakawa，1990: 21）的深度采访时对此曾有过直白的解释：

> "在我年轻的时候，一个女大学生去做男人做的工作是很奇怪的，并且女性拿的工资也比男人要低。而我反叛了这一点。后来，当我的时尚生意开始好起来的时候，有人又因为我不是时尚院校科班出身而认为我不够专业。再然后，当我去到了巴黎……我就对那个概念也进行了反叛。我绝对不会放弃自己叛逆的能力。我会被激怒，而那股怒火就是我能量的来源。如果我停止反叛，那我也就不能再创造任何东西了。"

在对"前卫运动"这样的新式艺术运动进行分析的时候，克兰（Crane，1987: 14）曾经解释说，当一个艺术运动满足以下几点要求当中的任意一点的时候就可以被认为是前卫的：（1）重新定义了艺术传统；（2）采用了新的艺术工具和艺术技巧；（3）重新定义了艺术客体的本质，包括可以被视作艺术作品的客体范畴。而这三条标准全都适用于三宅一生、山本耀司和川久保玲共同创造出的风格，并且我还将在本章接下来的内容里对它们进行细致的考察。他们完全摒弃了制衣界的传统，发明了不同以往且独特的材料作为服装面料。这样做的结果就是，他们引入并重新定义了"服装"和"时尚"这二者的意义和本质。

重新定义制衣传统

通过让一件衣服有不同的穿法，这些设计师对西方的制衣传统，也就是我所谓的"服装体系"进行了重新解读——比如一件衣服上有着两个领口而非一个，或是有着三只袖子而非两只——并让衣服的穿着者去决定他或她想穿哪个领口或袖子。此外，他们还重新定义了服装是什么样子，或者说可以是什么样子。曾经于 20 世纪 80 年代末期在三宅一生的发布会后台担任过换装师[2]的一位销售人员向我回忆了后者的服装的复杂结构：

> "有一件衣服完全没有形状，并且有着四个洞口，你完全分不清哪个洞口是领口，哪个洞口是袖口。在彩排的时候，三宅一生的制版师会在一屋子的换装师当中来回穿梭，以确保让我们知道哪个洞适用于身体的哪个部分。在开场以后，模特们通常会从 T 台上跑回到后台，换上下一身装束，而我们的工作就是帮他们尽快地从一套衣服换到下一套，并确保他们穿对鞋、戴对配饰。在那场秀的时候，后台简直是

一片混乱。到了那个时候，你根本来不及想哪个洞应该套在哪儿！有些换装师连领口都找不到，完全蒙了，但是那又怎么样呢？没有人认得出来，我相信即便是三宅一生本人也未必能认出来。"

一位时尚作家也曾这样观察道（Cocks，1986：46）：

"'三宅一生'，他的一位朋友站在一间人来人往的酒店大堂中央问他：'这件衣服要怎么穿啊？'而他这位朋友当时正裹在一件复杂的新款雨衣里面动弹不得。'我就是这样设计的，'三宅一生一边说着，一边在酒店前台即兴为他掬出一个造型。他解开了一个横亘在两只袖子中间的半截披风，然后把末端绕在了他朋友的脖子上。'它就像一条围巾，你看到没？'"

也就是说，他设计的衣服可以任凭穿着者根据自己的"创意"来决定怎么穿。三宅一生本人宣称，要把他的衣服穿好的关键就是"简单"，因为他的衣服往往有很多种穿法。

不仅如此，他们还重新定义了西式服装的本质。历史上的西式女装一直以来都是紧贴身体，以便突出女性的身体曲线，但是这些日本设计师却引入了一种宽松肥大的设计，例如没有遵循传统构造、只有极少的细节和纽扣的外套等。他们设计的衣服往往具有简单、直线的廓形，而他们设计的外套也往往宽大到不合常见的比例，以至于不分男女都可以穿着。可以说，他们的设计不仅是让衣服的结构，而且是让时尚的标准概念都受到了挑战。而当这一切发生的时候，传统的西方设计师设计的女装却朝着与之对立的方向发展，也就是变得更合身、更拘谨。这些日本设计师对时尚的看法和西方传统时尚完全相反，并且正如三宅一生在一次演讲(1984)中所提到的，他们的意图本就不是对西方时尚进行复制：

> "在我离开祖国并在巴黎开始工作和生活之后，我进行了深刻的自省，并自问：'作为一个日本设计师，我能做些什么？'后来我便意识到，我自己的劣势，也就是我对西方时尚传承的缺乏反而可以成为我的优势。我不会受到任何西方传统或惯例的约束。于是我就想：'我可以尝试一些新的东西。我不能回到过去，因为就西式服装来说，我从未有过什么过去。我没有其他选择，只能向前。'缺乏西式服装传承正是我要去创造当代时尚以及全球化时尚的理由。"

虽然他们在设计当中融入的日本和服元素已经非常明显了——尤其是在他们早期的设计——但是他们的设计也同样打破了有着严格规定的和服体系(Dalby，1993)。正是因为他们将日本和西方元素进行了结合，同时又对两者都打破才建立了一种全新的风格。

传统意义上，和服[3]指的是一种用长方形的布片拼接在一起，再加上几处褶皱和点缀的拖地日本服饰（Kawabata，1984；Marshall，1988；Sato，1992）。和服最实用的地方就在于，这种服装可以随着它的穿着者长高长大而被放宽，因此可以说是一个均码款，因为不管穿它的人是胖还是瘦，和服都可以根据他／她的身材进行调整。儿童的和服则会缝好之后又在肩膀和腰部额外增加几道褶皱。男式和女式的和服在前襟部分都是重叠的，其实它们也几乎并没有什么区别。就廓形和设计来说，和服几乎是中性的，只是在版型和结构上有着细微的区别，但是总体上来说，男士和女士的和服还是用的同一种版型。假如把男士和女士的和服平放在桌上，那么它们的区别就在于女士和服的袖子有一道小小的裂口，而男士的没有（Kawabata，1984；Sato，1992）。与之类似，女士的和服被设计为可以在腰部的一根宽腰带下面进行折叠。所以当腰带放开，或是腰带下面的面料没有叠起来的时候，女士和服的下摆就会拖到地上。与之相对的是，男士的和服会垂挂在身上，并且不扎腰带的时候，它的下摆刚好触及地板。扎上腰带之后，衣身会稍微短一截，以便下摆不会拖到地上或是妨碍走路。在和服身上，我们所能找到的最明显的性别特征不是衣服的廓形或是形状，而是衣服的颜色、面料和印花（Sato，1992）。

川久保玲、三宅一生和山本耀司的设计都以中性或说男女皆宜而著称（图7.1）。性别角色是由社会规则和规定决定的，而服装则会对性别以及性别差异进行构建或是解构。服装是性别的一个重要象征符号，它使得其他人类可以迅速知道一个人的生理性别，而这些日本设计师却对西方服装规范的性别差异进行了挑战。山本耀司曾经在谈到自己的想法时说（Duka，1983: 63）：

> "男装从设计上来说更加纯粹。它们（和女装比起来）更简单，也没有什么多余的装饰。其实女性也希望如此。在我刚开始做设计的时候，我想为女士设计男装那样的衣服，但是没有买手想要这样的衣服。现在有了。我总是在好奇，男性和女性着装上的差异到底是由谁决定的。现在看来，或许这是由男性决定的吧。"

图 7.1

山本耀司 1984 年秋冬系列。山本耀司的标志性设计由垂挂和围裹在身上的大片硬挺面料构成。和川久保玲一样，这些衣服都是中性而没有廓形的，因此也将女性的身体曲线藏了起来。

来源：山本耀司本人提供。

The Japanese Revolution in Paris Fashion

对新工具和新技巧的使用

鉴于他们的服装结构与传统不同，这些设计师不得不亲自去向那些工厂的缝纫女工传授将自己的衣服缝制起来的方法，而这些新方法和传统工艺标准之间的冲突不亚于毕加索对颜料的要求与印刷工人的标准之间的冲突（Becker，1982: 68-69）。毕加索对传统平版印刷过程的鄙视对印刷工人来说制造了难题，因为毕加索想用一种非传统的方法完成自己的平版印刷，但是最后去执行印刷的又不是毕加索本人，正如随后去缝制衣服的也不是设计师本人。为了完成非传统的设计，设计师就必须找到能够配合他制作出这样的产品的人。

举例来说，川久保玲的衣服就故意被设计成看着像是被人穿过或是还未完工的样子，以此来反抗常识并挑战人们对"完美"的执念。最开始，她的设计被人们所厌弃，但是渐渐的，这种厌弃变成了惊叹和赞美（Baudot，1999）。川久保玲自己也曾说（转引自 Ayre，1989: 11）："完美的对称结构是丑陋的……我一直都想打破对称"，而这也是对后现代主义在时尚方面的运用的完美总结。她想要对"完美"这个被视作正面、积极、美好的概念提出质疑：

> "那些制造面料的机器越来越能制造出完美无瑕、千篇一律的面料了，可我喜欢的是并不完美的事物。手工织布是实现这一点的最佳方法，但是鉴于这不是很可行，所以我们就会在机器上的这里和那里拧松几颗螺丝，这样的话它们织出来的布就不是总是完美的。"

不过，在另外一些设计师看来，这样的做法是不可接受的。一位曾经在某位巴黎的日本设计师手下工作过的助理设计师对此作出了解释：

> "从设计和技术的角度来看，川久保玲的作品是我们所不能理解的，并且对于像我们这样在时尚院校受过专业训练的人来说也是不可理喻的。在时装学校里，学生们总是会被教育说，如果是做直筒裙或半直筒裙，那就以一英寸左右的宽度进行包边；假如是做喇叭裙，那么褶边的宽度就要减到半英寸或更小。但如果是川久保玲的话，她就会任由裙子的边缘散开，不做任何包边，并把那视作她自己的风格。"

对于那些所受的训练就是打破传统模式的人来说，这或许很难，因为那些传统模式定义了一件质量上佳的服装应该是什么样的。所以川久保玲从未受过服装设计方面的培训这一事实或许也不是巧合。正如我们在第四章里解释过的那样，一件衣服的制造过程和技术流程多多少少已经被标准化了，但是却没有法规对衣服的制造过程进行规范。我们已经不再是生活在一个由行会制度来开展服装制造过程的时代了。川久保玲在组织机构方面的确是有创新的。

在日本设计师的作品当中，面料已经成为一个至关重要的元素，而日本前卫设计师们也对材料进行了种种试验，例如将橡胶和面料绑在一起，或是将天然和人工纤维进行混纺。这些服装面料的织法都是严格保密的，同样保密的还有它们后续的处理。对这些设计师来说，什么东西"可以"或是"应该"被用作面料是没有规定的。只要对人体无害，任何事物都可以被用作服装的面料。对川久保玲来说，面料制造商就在一个系列的创造过程当中扮演了非常重要的角色，因为她设计的服装的显著特征可以直接追溯到为制造这些衣服所用的面料而选取的丝线。另外，川久保玲和任何人的交流方式都是既抽象又模棱两可。一位已经和她合作了一段时间的面料制造商解释说（Sudjic，1990: 28–29）："在她发布一个系列之前的四到六个月左右，她会找到我，跟我谈论她脑海中的想法……那通常会是一场很粗略的对话，有的时候甚至只是一个单词。她想要的是一种特定的感觉，而那可以来自任何地方。"于是，这位面料商会依靠自己的直觉去理解川久保玲那抽象的主题，并给她一些样品。这样的对话还要来回几次，直到他们最终实现了川久保玲脑子里想要的效果。

和川久保玲一样，三宅一生也把注意力专注在面料上。1993年，他推出了自己在商业上最受欢迎的系列"三宅褶皱"（Pleats Please）。在传统做法当中，褶皱都是在剪裁面料之前要先永久性地压制好的，但是三宅一生恰恰要反其道而行之。他将一件衣服按照正常尺寸的2.5倍进行剪裁和组装，然后再将这些原料折叠、熨烫和缝合，以便使那些直线条保留在原位。最后，这件衣服会夹在两张纸中间被放入印刷机，而当它从里面出来的时候就具备了永久性的褶皱（Sato，1998: 23）。

早在1976年，三宅一生就开始了他以"一块布"（A Piece of Cloth）为理念的设计，也就是用一块布做出一件覆盖全部身体的衣服（图7.2），而他最近的"一块布"项目则发源于他更早的理念。这种"一块布"衣服由一长管针织面料组成，设计师可以用它剪裁出各式各样不同的服装，并且不浪费任何的材料。另外，通过一台电脑控制老式针织机，这些衣服还可以进行批量生产（Sato，1998: 60）。三宅一生的目的是将浪费减少到最小，并充分利用那些剩余的边角料。这些衣服可以让买手

类型2: 川久保玲、三宅一生和山本耀司
构建日本前卫时尚

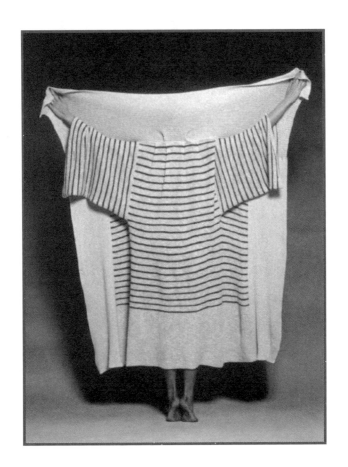

图 7.2

三宅一生 1976 年的"一块布成衣"。三宅一生的"一块布成衣"理念始于 20 世纪 70 年代。这些衣服都是用单一的一块布制成,并且可以覆盖整个身体。

摄影:横须贺功光(Noriaki Yokosuka);来源:三宅一生设计工作室提供。

们量体裁衣，直接从这块布上剪出一顶小帽子、手套、袜子、裙子或是衬衣等（图 7.3）。根据剪裁方式的不同，裙子可能以两到三条的形式出现。此外，三宅一生还在试验新的衣服缝纫技巧，例如热磁剪裁和超声波剪裁等，而这些技巧在他 1999 年在巴黎举办的"做东西"（Making Things）展览中也都进行了展示。和三宅一生长期合作的是他的面料总监皆川魔鬼子（Makiko Minagawa）；她负责将他的抽象理念进行解读和具象化，给他的想法赋予生命，然后再和纺织厂开展合作。

另外，在这方面山本耀司也不例外。他也花了很多时间在日本一边旅行一边寻找新奇的面料和古老的服装。山本耀司曾经说（转引自 Gottfried，1982: 5）："事实上，我感兴趣的是让廓形保持简单；对我来说，做一个新的系列有 80% 的工作都是在制造新的面料。"对于自己作品当中的黑白羊毛提花面料和水洗羊毛面料，他非常骄傲，因为"它（比一般面料）更柔软，并且看起来像是二手的"。

重新定义时尚的本质和"美"的概念

每一种传统背后都有着一个审美标准，并且正是根据这种标准，传统事物才成为评价艺术美感和效果的标杆。可以说，"时尚"这个概念和"美"几乎是同义词。于是，对时尚传统的攻击就成了对跟这种传统关联在一起的审美标准的攻击。通过打破西方的时尚传统，这些设计师提出了新的风格和审美标准的新定义。也正因如此，一些法国人甚至把他们不仅视作一种对自己审美标准的冒犯，同时也是对他们既有的等级秩序和时尚的层级划分系统，或者说是对法国时尚体系的霸权地位的一

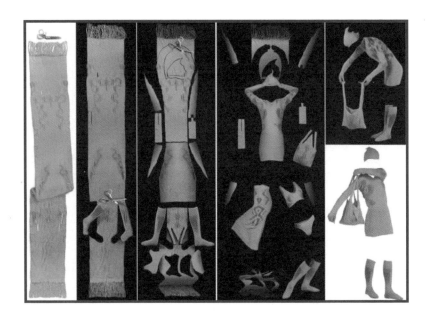

图 7.3

三宅一生 1999 年的"一块布成衣"系列。三宅一生的"一块布成衣"理念最终演化成了他最近的"A-POC"项目。这个项目里的每一件衣服都是出自同一卷面料，买手们可以直接从面料上剪裁出袖子、裙子、袜子和衣服的其他部位。

来源：三宅一生设计工作室提供。

The Japanese Revolution in Paris Fashion

种冒犯。

他们这种"未完工的衣服里蕴含着美感",以及"服装的重点可以从质地转移到面料"的先锋理念对于今天的时尚界有着重大影响。三宅一生曾经这样说道(转引自 Mendes and de la Haye,1999: 233):"我创造的不是一种时髦的审美……我创造的是一种基于生活的风格。"此外,他还反对"高级定制""风格"和"时尚"这样的词语,因为它们的隐藏含义就是对新鲜感的追求(Chandès,1998: 107)。对此,川久保玲也表示:"我反潮流,所以我希望有潮流存在。"(转引自 Hirakawa,1990: 44)时髦的衣服通常就是"美"和"审美标准"的同义词。虽然川久保玲曾经说过:"我没有一个对美的定义。我对'美'没有一个既定的观点,因为我对'美'的看法一直在变化。"(转引自 Hirakawa,1990: 73)但是我们仍然可以从她的设计里找到一个普遍而连贯的原则。举例来说,她会在"未完成和随机的事物里发现美……我想从不同的角度去观察事物,以便发现美。我想寻找的是从未有人发现过的东西……创造能被预测的事物毫无意义"。

此外,西式的服装通常会刻意突出身体的曲线,而这也是这些日本设计师所抵触的。川久保玲(Jones,1992: 72)进一步解释说:"时装设计并不是为了显露或突出一个女人的身体曲线,而是为了让一个人可以成为他自己。"她还针对西方时尚界对贴身服装的痴迷说道:

> "我对于'凸显身材'(body—conscious)这个词并不太能够理解……我的设计过程是以对服装廓形的兴趣和从服装获得的体量感为出发点来开展的,这或许和西方妇女们从展示自己的身体曲线获得的乐趣

有一点不同。让日本女性去展示她们的身体……会让她们为难。我自己对她们的感受非常能够感同身受，于是我也会在设计当中把那种感觉纳入考量，比如添加更多的原材料或是用其他办法。我感觉，对于'凸显身材'的衣服，人们也可能是会厌倦的。"

与之类似，山本耀司也曾表示（Gottfried，1982: 5）："我喜欢宽大的衣服，就像一个女人裹在一件宽大的男士衬衣里面那样，我觉得那很有吸引力。"

和西式服装不一样的是，女士的和服是冲着一个没有曲线的身体而设计的。如今的很多日本女性本身有着纺锤形的身材，但是她们要把腰部填充起来，以便形成一种圆柱形的外观。当胸部丰满的妇女需要身穿和服的时候，她们也都会先穿上一种能将胸部压扁的内衣，并且这种内衣还能让她们的肩部形成优雅的斜肩，因为那也符合日本文化里对"美"的定义，从而削弱她们的女性特征（Sato，1992）。这个时候，她们的身体暴露在外的部分就是双手、脖子和脸。在日本的社会传统当中，性感是从不外露的，而这种意识形态也反映在了和服的款式里，尤其是女士的和服（Kawabata，1984）。这些前卫设计师对女装款式的整个概念都进行了重构，因此他们也不会展示性感，而是试图像和服那样对性感进行掩饰。

对此，山本耀司（Duka，1983: 63）曾经表示："在我看来，将衣服紧紧地裹在女人身上是为了取悦男人……而那看起来并不高贵。另外，展露过多的身体曲线对其他人来说也并不礼貌。"人们普遍认为，要显得"时髦"就意味着要盛装打扮，但是山本耀司对此的看法不同（Menkes，1989: 10）：

"在我刚来巴黎举办发布会的时候，每个人都在说：'要盛装打扮，要盛装打扮，要盛装打扮。'所以我讨厌死盛装打扮了。我们为什么不往低调里打扮，为什么不打破这种规则？为什么你一定要遵从这一种优雅？世界上还有其他类型的优雅。我们必须得在面对多种类型的美的时候保持开放……如果你回想一下新艺术运动（art nouveaux）和美好年代（La Belle Epoque）[1]，你会发现那时候有着那么多种无用的美、荒诞的美。在你的生活中，有时候你也必须要去理解那样的美，因为假如你仅仅是遵从简单便捷的原则去生活，那你就会失去某些东西。所以我想说的是：'让我们在衣服上发挥一点荒诞无用的精神吧，让我们来游戏玩耍吧。'"

　　1983年3月，川久保玲推出了一个包含开襟明纽女式长服的系列。这些长服的剪裁宽大方正，但是并没有能够辨认的线条、形状或廓形，其中很多还有着错位的翻领、纽扣和衣袖，以及并不搭配的面料。另外，设计师还通过打结、撕裂和浆纱等处理方法使得面料呈现出了更多刻意的无秩序效果，而这些面料本身也是经过了压皱和折痕处理，并特意织出了非同寻常的质地。此外，该系列的鞋子也包含了厚垫拖鞋和方头的橡胶鞋，那些展示这个系列的模特也都将头发染成了红色，并将下嘴唇涂成了淤青色。这些作品被视作在表达女权主义。川久保玲本人也声称，她的衣服是为那些用头脑而非用身体来吸引男人的强大女性设计的。还有人评论说，川久保玲的设计反映的就是她自己——一个独立的、对性

---

　　[1]　这一法语词汇用于形容法国历史上的一段时期，也泛指整个欧洲的美好年代。在这期间，整个欧洲都享受着一个相对和平的年代。——译者注

感和女性特质的刻板印象进行抵制，并且模糊了性别分类的独立女性（图7.4）。和山本耀司以及三宅一生一样，川久保玲的本意也并非是要让人们惊诧（Steele，1991: 185），虽然她的作品经常实现了那种效果。"你不用来跟我说话，你只需要看看我穿的衣服，然后你就知道，你了解我了，我想说的话都在那儿了。"（Kawakubo in Jones，1992: 72）此外，她还设计了一些富有争议的系列，譬如一个明显是反战的款式，也就是一件被解构然后被重塑的军装，以及被误认为是致敬奥斯威辛集中营制服的衣服，还有她在20世纪80年代早期推出的故意敞着大洞的针织衫，而后者还被评论人士戏称为是"瑞士奶酪"毛衣（Menkes，1998a）。

对法国时尚体系的遵从和被接纳

这三位设计师拓宽了时尚的边界，重塑了服装的对称性，引入了单一色彩的服装，并且让裹身的衣服随着身体的形状和动作而改变。他们打破了人们之前对服装和时尚的所有定义。和香奈儿、迪奥、圣·罗兰这样的正统西方大牌设计师制订的时尚规则比起来，他们的理念无疑是全新、迥异，以及新奇的。这些日本人为"日本风貌"入侵时尚体制搭建了舞台。对于他们的风靡可以持续多久，一位时装记者曾经用略带怀疑的口吻进行了拷问（Dorsey，1985: 10）：

> "本届成衣时装周的第一个大日子是这周四，而那也成为日本服装日。每个人脑子里都带着这一个问题：'这些日本设计师还有什么没有展示的吗？'在他们上一季里制造的文化冲击结束之后，虽然那

图 7.4

川久保玲的 Comme des Garçons 2002 年秋冬系列。川久保玲标志性的单一色彩和中性细节被认为具有女权主义色彩，而且她也希望，穿她衣服的人是和她一样强大而独立的女性。

来源：Comme des Garçons 提供。

类型 2：川久保玲、三宅一生和山本耀司
构建日本前卫时尚

些余波还在全世界范围内回荡，但是这个问题的答案依然是：如果说美存在于观赏者的眼睛里，那么要让普通民众去发现这些衣服的美，他们就需要很努力才能看见……

事实就是，这些日本设计师已经几乎兜了一圈，并且冒着再次踏上同一条跑道的风险。不对称的立体剪裁、奇怪的层次叠搭、诡异的鞋子以及同样诡异的妆容（比如涂成红色的耳朵和不画唇膏的嘴唇）都是之前曾经出现过的，那些衣服带给人的古早感觉也是如此。"

然而和这位时装记者预测的结果不同，这些"奇奇怪怪的款式"仍旧活跃在时尚舞台上，并且从来没有停止让时尚界的专业人士和全世界的消费者为之惊叹。他们设计的衣服曾经被指责为"试图摧毁'时尚'这个概念本身"（Jones，1992: 72），并且被认为是"难穿的衣服"，因为要把它们穿好很有挑战（Menkes，1998a: 11）。早在 1982 年，Sainderichinn 就曾准确预测过这种新式的日本前卫时尚运动的前景："这是一场深刻的运动，但是在它得以被民众接受之前，它需要花点时间来完善和改良自己……不过它仍然有很大的概率可以在未来的 20 年里留下自己的印迹。"到了 1998 年，又有另一位时装记者（Women's Wear Daily，1998b: 4）这样写道："任何一个近来参加过几场时装发布会的人都知道，真正的创新是很罕见的。但是在 Comme des Garçons，创新是一种常态。我们对一场川久保玲的发布会唯一可以稳稳抱以的期待就是，一切都难以预料。"

作为服装设计师的山本耀司很受热心的知识分子所推崇（Menkes，2000b: 11），而川久保玲则长久以来被视作一个前卫风格的设计天才

（Foley，1998: 33），还被描述为"仍在坚定的，甚至可以说是顽固地坚持着前卫的时尚风格"（Menkes，1998a: 11），以及还是"一个有理想的设计师，足够强大到在这个世界上留下她自己的印迹"（Morris，1983: 10）。这种抽象的、偏重智识的设计风格让他们收获了一大群忠实的拥趸。法国电子音乐家让·米歇尔·雅尔（Jean Michel Jarre）就曾经对山本耀司的风格作出过如下的注解（转引自 Menkes，2000b: 11）："他的作品完全不同于其他任何人。我喜欢他对待时尚那种半宗教式的态度。在我看来，一个穿着 Yohji Yamamoto 的女性就像一个花痴的修女。他设计的衣服既充满了肉欲又充满了仪式感。"与之类似，一位日本时尚策展人（转引自 Withers，1987: 52）也将川久保玲描述为"一场概念化，或说宗教化的时尚运动的领导者"。

这些日本设计师不仅仅是时装设计师，而且还被视作艺术家。他们会和画家、雕塑家、歌剧艺术家、戏剧艺术家、手工艺者、装置艺术家、舞蹈艺术家、摄影师、陶艺师、工业设计师和建筑师等开展合作。事实上，一个设计师为谁设计，跟谁合作都会影响到他／她作为设计师的地位。克兰（Crane，1993: 57）曾经指出：

> "在第一次世界大战之后，巴黎时尚界通过社会契约、共同影响和极有名望的艺术界联系了起来，而前者的发展也导致时装设计师的社会地位得到了显著提高……举例来说，曾和前卫艺术家合作过的服装设计师就有：曾为知名剧作家设计戏服的香奈儿，和超现实主义画家达利一起设计衣服的夏帕瑞丽，等等。他们不仅仅是为了商业目的去进行设计，而且还可以为了乐趣，或是为了实现这些设计的震撼价值……"

可以说，在 20 世纪初的法国，服装设计师获得了一些艺术家的号召力，因为他们相信，他们的设计是自己天才的产物。

虽然当被问到她是否是一个艺术家的时候，川久保玲曾经坚定地回答："不是"（Menkes，1998a: 11），并解释说："时尚不是艺术。一件艺术品只能卖给一个人，而时尚以系列的面目出现，并且更像是一种社会现象。此外，时尚也是一种更私人和个性化的东西，因为你会用它去表达你的个性。时尚是一种积极的参与，而艺术则是被动的。"三宅一生也曾经说过（转引自 Tsurumoto，1983: 103）："时装设计不是艺术。我不认为它应该被视作艺术，或是把我视作一个艺术家。我设计服装的目的并不是让它们到博物馆去展出。"

不过即便如此，这三位设计师都和相当数量的艺术家一起合作过。举例来说，舞曲制作人摩斯·肯宁汉（Merce Cunningham）就曾参加过川久保玲的"隆与肿"（Lumps and Bumps）系列的设计（图 7.5）。三宅一生也从 1986 年开始就一直和摄影师欧文·佩恩（Irving Penn）保持着合作，并且也经常被人们视作一个碰巧以服装作为介质来工作的艺术家，还和一些雕塑家和画家一起举办了个展。山本耀司也参加了国际知名导演北野武（Takeshi Kitano）的一些电影戏服的设计。事实上，设计师就是塑造形象的人，所以他们自己的形象必须经过精心的打磨。当他们和艺术家开展合作的时候，他们的地位从服装设计师就被提升为了艺术家，这些日本设计师当然也不例外。除了和艺术界的联系，他们的顾客群的性质和他们职业本身的社会构成也都促成了时装设计师社会地位的提升（Crane，1993: 58）。日本设计师也从法国对设计师和艺术家这样的待遇当中获益。他们已经来到了法国时尚文化的中心，而对

图 7.5

川久保玲的 Comme des Garçons 1997 年
春夏系列。时尚评论人士曾经将 Comme
des Garçons 鼓鼓囊囊的裙子称作"年度最
丑裙装"（Sykes，1988: 188），但是川久保
玲解释说，它是一种"对身体的再认识"。

来源：Comme des Garçons 提供。

类型 2：川久保玲、三宅一生和山本耀司
构建日本前卫时尚

那个他们曾经作为"圈外人"来挑战过的体系来说，他们现在也成为不可分割的一分子了。

自 1972 年开始就为川久保玲担任公关推手的武田智佳子（Chigako Takeda）对于法国或西方媒体的重要性也曾经这样强调（转引自 Ryokou Tsushin，1988: 40）：

> "一家公关公司真正的工作要在发布会结束之后才开始。记者们对发布会作了何种反馈？他们会怎么去写？……我们要尽我们所能去理解他们的评论和观点，以便我们可以跟他们打电话、见面或是写信，尤其是当一场发布会被用一种我们从未预料到的方式进行解读的时候。在巴黎的时候……我们会在发布会结束之后立刻把所有和我们相关的文章和报道翻译过来，看看他们说了什么……这样我们才能知道哪份报纸写的是哪种文章。至于杂志，我们会去检查他们是否传递出了正确的信息，或是搭配是否有趣，甚至还会去查看作出这种搭配的造型师是谁。"

有人说，这些前卫日本设计师来到巴黎之后对法国时尚的统治地位造成了威胁。但事实恰恰相反，他们反而强调了巴黎作为一个富有影响力的时尚体系的重要性。为了受到法国时尚体系的承认，这些设计师需要加入一个由时装记者、时尚编辑和时尚公关组成的人际关系网络，并且受到后者的认可；同时，这些门槛把持者在媒体上的措辞和评论也塑造了他们的形象，并决定了他们在时尚体系当中的地位。这些设计师的确挑战了服装体系，但是并没有挑战时尚体系。事实上，他们一直在不停地肯定着法国时尚体系的权力，而这不仅适用于日本设计师，而且适用于全世界所有地方的设计师。譬如一个为某位在巴黎发展的德国设计师工作的公关就这样说：

> "在德国，假如你是一个在法国工作的设计师，那就是一种地位的象征。那意味着你很特别，和德国其他的设计师不一样。你得身在巴黎才能获得国际社会的认可。如果你留在德国，那就只有德国本国人才知道你。"

也就是说，属于法国的时尚体系是这些设计师形象的一部分，因此他们必须继续在巴黎发布自己的作品，只有这样才能继续将这一部分形象用作自己的符号资本。曾经，这些设计师的作品被视为是对高端时尚的解构，并且标志着符号等级结构的坍塌，但对此我的观点是：他们或许的确是对服装体系进行了解构，并且重新定义了时尚，但是伴随着巴黎对他们的认可，这几位设计师事实上也成为高端时尚的一部分，并且成为精英时尚设计师群体的成员。即便是在 20 年后的今天，这些设计师也仍然在寻求法国时尚体系的认可，譬如山本耀司很显然就想要加入法国高级定制协会，因为他会选择在法国高定时装周期间发布自己的高级成衣系列（Women's Wear Daily，2002a: 15）。此外，和他早期的作品相比，他的 1999 年春夏系列也在风格上有了重大的转变，变得更像是高级定制了（图 7.6）。

对创造力的定义和承认

时尚是一项集体活动，而打破传统也并不是单枪匹马就可以完成的任务，并且即便你打破了现有的所有传统，那也不意味着你就是一个有创意的设计师。在创造力和对艺术常态进行的挑战之间并不存在相关性。在任何艺术活动当中，创造力都是一个既模棱两可又含混不清的概念，而在法国时尚体制当中，最重要的是谁有权力去决定、判断以及评判那种创造力。想要理解任何设计师所取得的成功，我们需要关注的都是这种合法化的过程。如果不是通过了法国时尚体系的合法化机制的检验，这些日本前卫设计师也不可能获得全世界时尚专业人士的瞩目。可以说，在设计师和法国的时尚体系之间存在一个互相依存的关系，因为后者一方面赋予了设计师"富有创造力和才华"的声誉和认可，另一方面也通过创新的设计维护了这个时尚体系。任何创造性的事物都是集体活动的产物。对此，贝克曾经解释说（Becker, 1982: 13）：

"画家……依靠制造商去制造画布、颜料和画笔；依靠经纪人、收藏家和博物馆策展人去获得展示空间和财务支持；依靠评论家和美学家去让自己的作品得到理论支持；依靠赞助，或者甚至是依靠鼓励收藏家买下画作然后再捐赠给公众的优惠税收法规；依靠其他的画家——不论是当代的还是过去的——因为是其他这些画家创造的传统构成了让他们的画作具备意义的专业背景。"

图 7.6

山本耀司的 1999 年春夏系列。山本耀司的婚礼
系列据说已经达到了自身的巅峰。这和他早期
的设计相比是向高定风格作出的重大转变。

摄影：Monica Feudi；来源：山本耀司提供。

与之类似，时尚的创造也会涉及很多人的参与，因为虽然每当他们的设计在媒体上被呈现出来的时候，给人感觉总是那是他们自己一个人关在工作室里捣鼓出来的成果，但是每个设计师在进行创作的时候无一例外都会和很多助手合作（Crane，1993）。制作每一件衣服的过程当中都存在着劳动分工，而设计师只是居于这一大拨互相协作的人员的中心，后者包括助理设计师、打版师、样品缝纫师和剪裁师；所有这些人的工作对于最后的成果来说都至关重要。每当一个艺术家对其他人有所仰仗的时候，一种互相合作的关系就建立起来了。所有那些与艺术家进行合作的人都会分享他对于这件作品应该如何完成的想法。那么既然如此，艺术家本人还需要做多少工作呢？对此，贝克解释说（Becker，1982：19）：

"一个作曲家在最终的作品当中贡献了多少素材是因人而异的……当代音乐界的有些作曲家甚至会让演奏者来决定一些素材应该如何演奏……艺术家要维持自己艺术家的身份，就不需要去亲自处理那些构成艺术作品的素材，正如建筑师很少会亲自动手去修建他们设计的房子一样。不过，如果是一个雕刻家通过给一家机械修理店发送一系列指令和要求来创造一件作品，那么这样的操作就会有问题；同样的，对于向概念性作品的作者赋予艺术家的称号，也有很多人提出异议，因为组成那些概念性作品的是一些规格和说明，但是它们却从来没有在艺术作品中得到真正的呈现。"

对于时装设计师，这样的说法也同样存在。一个设计师需要掌握多少关于衣服的结构、制版和试装的知识才能成为一个职业设计师？一个人需要开展多少活动才可以称自己是一个有创意和才华的设计师？有些设计师只画一张草图就让助手以此做出一件三维立体的衣服，还有一些设计师则对衣服制作的整个过程和技术知识都非常了解。以川久保玲为例，她会以非常抽象的语言来形容她设计的系列（Jones，1992：72）：

> "我想用这个特别的系列来做一些精神方面的表达。我设计一个系列的出发点通常是两个版式。还有一种开始的方法是我有了一些概念，以及我想要创造的一些抽象的感觉。我曾经只会使用图样，但是那是在很久以前了，现在我会尝试用更理论化和精神化的方法来进行创作。"

川久保玲是最早向这些设计师展示，对传统的背离可以变成被人们所接受的传统的人。和高田贤三、山本耀司[4]、三宅一生不同，前两者都受过正式而系统的服装制作和缝纫培训，三宅一生也在巴黎接受过一些这方面的训练，但是川久保玲却完全没有在任何一家传统的制衣学校或是时装设计学院里上过学。对她的打版师，她是这样给出指令的（转引自Sudjic，1990：34）：

> "有一次，她给我们几张揉皱的纸，然后跟我们说她想要一件具备那种质感的衣服。还有一次，她完全没有拿出任何东西，只是说她想设计一种像正在被掏转的枕套那样质感的外套。当然她想要的并不

是那个具体的枕套的形状，而是那个翻转的时刻的精髓，也就是一半在里，一半在外。"

另一位一直和川久保玲一起工作的设计助理也向我确认了这个故事，并且向我解释了她的系列是如何成型的：

"她会为巴黎的下一场发布会给出一个理念或是主题，例如'终极简约'(The Ultimate Simplicity) 这样的，然后各个制版师就会分头开始工作，一边试图搞清楚她那句话到底是什么意思，一边拿出好几个他们认为能够将那个概念具象化的款式。随后，我们就会在塑料模特身上进行立体剪裁，打版，用棉布进行剪裁，缝纫，然后再套到塑料模特身上。当这些工作都完成之后，我们再把这些衣服拿去给川久保玲看，她就会从中选取一些她喜欢的，或是在她看来最能体现'终极简约'这一理念的。有的时候，她也会要求我们对这里或那里做一些改动。的确，她没有受过专业的时装设计训练，所以她对服装的结构并不像我们那样了解，但是我对此并没有意见，因为能够想出这样的一个设计方法也是她的创意。她非常擅长聘请那些知道如何理解她想法的人当她的设计助手……而当她从我的设计当中选中一些款式的时候，那种感觉真是太棒了……当我看到自己的一些设计出现在时尚大刊里，那简直令人兴奋。"

在将自己最初的理念传达给制版师的时候，川久保玲通常不会用到草图。当她开始设计的时候，她也不太会因为自己缺乏专业的培训而感到心虚。对此，川久保玲曾经说（Sudjic，1990：43−4）：

> "受过专业的时装培训当然是很好的，但是我对自己没有受过也并不后悔。假如你能用一种自然的方法去训练自己的眼睛，并且发展出自己的审美观，那也不赖……有的设计师会绘制详细的设计草图，并且严格根据这张草图来制版。但是我的设计却是从一份抽象得多的草图开始的。制版师要能够理解和阐释我的意图。他们是在帮助我设计……我的制版师并没有标准的版式可供参考或是修改，我希望他们进行创新……我希望我的人绝对不要按照那些时装学院教他们的方法去打版。"

与之类似，当她和面料制造商进行合作和沟通的时候，每个系列的面料采用哪种丝线进行织造，是织成光面还是毛面、薄还是厚等都由川久保玲决定，而她决定的依据就是她想表达的情绪。长久和她保持合作的合作者都学会了如何随着她理念的发展演变从她那里解读信息，直到作品完成前的最后一分钟才会停歇（Jones，1992：73）。

讽刺的是，她的助手都技艺精湛，并且很多都毕业于东京文化服装学院，因为他们在那里的第一年都会接受完整的缝纫、制衣和剪裁培训，不论他们今后选择的专业方向是经营、打版还是服装设计[5]。所以，要说"日本的时装学院提供的培训不完备，尤其是在技巧方面"（Crane，1993：70）是不对的。平川竹二（Hirakawa，1990：36）曾经表示："日本设计学校里的学生不会去学习如何解构和重建，只会学习技巧和方法，而这正是日本学校的缺陷。"但事实上，这也正是这些学生的优势所在。

这些在时装学院受过培训的学生可以在自己牢固基本功的基础上去开展解构和创造。任何人都可以对现有的廓形进行摧毁，但是重建的方法却是一种需要踏实训练的技巧。川久保玲也给自己找了一大群能够理解她的意图，并且可以将她抽象的概念具象化的助手，因为他们长久以来都关注她的作品和风格。一位毕业于东京文化服装学院的川久保玲手下的制版师说：

> "我从高中就开始关注川久保玲女士的设计，我对市场上的每一件 Comme des Garçons 的衣服都了如指掌。我会翻阅时尚杂志里她的设计的图片，每一季还会去到她的店里对她设计的每一件衣服进行研究和观察。即便是当我还在东京文化服装学院上学的时候，我的设计风格就和川久保玲女士非常相似。那个时候，我从头到脚穿的都是 Comme des Garçons，而我也真的非常希望能够进入她的公司工作。"

不管川久保玲是不是一个有才华的服装设计师，又或者她只是在借用自己助手的想法、将自己的商标加到别人设计的衣服之上，其实都不重要。川久保玲在巴黎无疑是知名且受欢迎的。她曾经这样说过（转引自 Koren，1984: 119）："假如你想要的是精心设计的版式和精良的做工，那你不需要一个服装设计师。"使用这种设计方法的除了川久保玲，还有三宅一生，因为后者的设计也是从他给出的一些抽象的概念开始的。一位时装记者对此回忆说："三宅一生告诉我，有一季里，他对那位负责提供面料的女士说的唯一一个词就是'云'。"另外，他也不会画草图。对此，三宅一生曾经解释说（转引自 Tsurumoto，1983: 103）："我开始设计的时候会先用一卷面料裹在自己身上,这是一个体力劳动的过程。我的设计是从我的手和身体的动作当中诞生的。"不过,这样的方法只有在设计师本人有一个受过严格训练的助理设计师,或是可以对制衣工厂给出具体技术要求的打版师的时候才可能奏效。

毕竟,即便是 20 世纪最伟大的设计师可可·香奈儿也对服装和面料的结构并不是那么了解。托宾(Tobin,1994: 14)曾经对香奈儿是如何指导她的缝纫女工作过如下的描述:

> "她非常独裁且易怒。显然,她不会自己一个人走进工作室,而是会在选好面料之后,将自己的员工召集在一起,然后向他们解释自己想要的效果。她需要证明自己的权威,但是与此同时,她又经常找不到合适的词去向她的员工表达自己的要求。所以当设计出来的结果并不如人意的时候,就免不了会出现一些难堪的场面。香奈儿或许小的时候在修道院学过怎么缝衣服,但是她经常因为缺乏制衣的技术知识而遭到诟病。"

一位助理设计师也曾经表达过自己在这位荣获过"装苑奖"但从未受过正式的服装设计培训的设计师手下工作时遭遇到的烦恼和挫折:

> "有的时候我们会吵起来,因为他会要求我去做一些像我这样受过正式时装培训的人绝对不会去做的事情,因为那从技术上来说根本就是不可能实现的。和他在一起工作真的很恼火。他对于自己曾经得过'装苑奖'这件事非常自豪,但是在我看来,这个奖现在的分量已

241

经远远比不上以前了。到了最后，他干脆说他即便没受过专业的训练也仍然拿到了这个奖，而他对此非常骄傲。也许做这一行就是不需要任何正式培训吧。你可以在市面上找到成千上万受过训练、技艺精湛的设计助理，而他们就可以替一个设计师完成立体剪裁和制版。你只需要花钱请他们来为你完成所有这些技术活就行了。"

如果时装设计师的创造力并不是基于他们的设计或是技艺之上，那么对他们的评价和评定又应该基于什么呢？事实上，人们对"创造力"这个概念的解读非常宽泛。塑造出一个形象可以是一位设计师创造力的体现，但后者和服装制作的过程完全没有关系。山本耀司的公司前任首席执行官就表示：

"一位设计师需要维持一个强大的身份和形象。虽然他／她每一季都会推出新的系列，但是各个系列之间既要有连续性又不能重复。形象是非常重要的，所以如果一个设计师老是改变自己的形象的话，那他／她肯定不能成功。山本耀司就可以不断地对同一个形象进行重塑。"

一位记者也曾经解释说（Kidd，1983: 7）："川久保玲和她的员工……会对我们打算怎么报道其他设计师进行仔细的询问，尤其是对她的好朋友山本耀司。"与之类似的是，她还会坚持对她的衣服出售的环境进行严格的把控，不仅是对店铺的物理环境提出要求，而且还会对店员接近并服务顾客的方式进行规定（Sudjic，1990: 13）[6]。他们的每一个系列都是从一个意向开始，然后才是设计，而这两者之间的联系密不可分。对他们来说，这些衣服仅仅是用来表达抽象概念的工具。

结　论

从表面上看，川久保玲、三宅一生和山本耀司这三位齐聚巴黎的日本设计师似乎动摇了巴黎这个时尚之都的根本，但事实上，他们反而巩固了法国在时尚界的霸权地位。加入法国的时尚体制为他们赢得了社会资本、经济资本和符号资本，并让他们得以和那些不具备这些资本的其他日本设计师区分开来。在所有日本服装设计师的社会分层当中，这些在巴黎发展的日本设计师占据了高位，而日本的时尚体制在全世界的时尚界当中却并不能向设计师赋予任何社会奖赏。如果年轻一代的日本设计师仍然决定要去法国的时尚体制当中一试身手，那么他们也可能会受到他们的前辈曾经受过的认可。这也显示了一代设计师的社会地位如何进行了自我复制，并将自己的特权传递给了下一代。将这种符号资本当作一种权力和成功的源泉对于发挥它的效力来说至关重要。

注

1. 我的本意是对西方记者写的报纸和杂志文章进行一次回顾，因为我的分析的首要焦点是西方国家对这些设计师的接纳，而不是日本国人的反应。

2. 换装师是在时装发布会期间帮助模特们换装，也就是从一套衣服换到下一套衣服的人。

3. 所有的传统日本和服都在追求最少的剪裁和对面料最少浪费的同时想要实现精致优雅的线条，用于缝制传统服装的当代面料约为 14.5 英寸宽，而标准的面料宽度要么是 45 英寸，要么是 60 英寸。日本产的面料窄小的幅宽使得所有市面上的衣服（除了儿童的衣服）中间都有一道黑色的接缝和对襟。那也就是说，两条狭窄的布片沿着一半长度的方向被缝在一起组成了衣服的后背，而另外一头则绕过肩膀，形成了衣服的前襟。几乎所有对日本面料的剪裁都是沿着纬纱从一头剪到另一头，即便是当一个版式的宽度太宽了，日本人也会避免沿着纵长方向的纹理进行剪裁。

4. 据说山本耀司对缝纫技巧非常精通，因为门克斯（Menkes，1989:10）曾经写道："对山本耀司来说是剪裁为王，而且他并非已经不再故意把衣服做得复杂，而是他巨大的才华可以通过剪裁精良的夹克、他最爱的蓝白相间的裤子，或是正在以时尚传说的姿态出现的长款无袖夹克等显露出来。"山本耀司的前助理也告诉我："山本耀司对制版和立体剪裁的了解非常充分。他对每一毫米都非常在意。"

5. 东京文化服装学院的教学风格在很大程度上是朝着定制服装的制作和剪裁设计的。到了第一学年结束的时候，即便是那些从来都没拿过缝衣针或是用过缝纫机的人都可以设计、剪裁和缝制一条裙子、一件衬衣、一条裤子、一条裙子，甚至是一件晚礼服了。他们的课程非常系统化，而且课程设置非常优良。

6. Comme des Garçons 在东京的公关部最开始并不愿意让我在本书中使用他们的设计图片，最后他们虽然同意让我在正文中使用，但是不能用作封面。

第八章
类型 3：森英惠
获得巴黎设计师的最高荣誉

森英惠是受到法国高级时装联合会承认的 11 位高定设计师之一（参见第四章的表 4.1），并且是法国高级定制历史上唯一一位来自亚洲的高定设计师。在所有日本以及法国的设计师当中，她的地位都非常特殊。正如日本设计师的关系网图（第五章的图 5.1）所体现的那样，森英惠几乎是在单打独斗；也正如我们早前提到的那样，她唯一与入江季雄存在的联系也是间接的。和其他在巴黎发展的日本设计师不一样的是，出生于 1926 年的森英惠算是更老的一代设计师，并且她在去巴黎之前就已经在日本家喻户晓了。也就是说，她有着足够的经济和社会资本来开始自己的高定设计师职业生涯，因为那是一个设计师在巴黎可以获得的终极地位，即便她那个时候在日本以外的地方完全不知名。

高田贤三以及那些日本前卫设计师在巴黎的职业生涯都是从高级成

衣设计师开始的，但是森英惠则等到 1987 年才开始在巴黎发布自己的高级成衣系列。森英惠的风格、做衣服的方法和在日本国内外服务的客户群都让她和其他日本设计师区分开来。当被问到是否想做高级定制的时候（Vidal and Rioufol，1996: 60），高田贤三回答：“想啊，当然想，我一直梦想着设计高级定制，但是那是完全不同的工作，而我对它的了解还不够充分。”虽然有人说，那些前卫设计师打破了高级定制作为时尚标杆的形象，但是森英惠的风格却和前卫相去甚远[1]。她从来没有对时尚界造成像后者那样巨大的冲击和影响，因为她完全遵从了既有的服装体系，并且提供了只有顶级的缝纫女工才能完成的完美无缺的制衣和缝纫技巧。正如她那长达半个世纪的职业生涯已经证明的那样，她相信的是维持一个设计的寿命、稳定性和长久的成功，而不是制造一些具有耸动效果但却在一段时间以后就消失不见的东西。

森英惠出生在位于日本南部的岛根县（Shimane），并且比我们讨论过的其他日本设计师都要年长 10 年以上。当日本进入第二次世界大战的时候，她还是一个在东京念书的大学生，而她至今仍然对那段日子记忆犹新。她对战争的回忆非常清晰，并且将自己闯入法国时尚界的勇气归功于她在战时的经历[2]：

> “到处都在轰炸。我已经厌倦了用逃跑和躲藏来保护自己。最后，我干脆将生死都置之度外了。人们告诉我，我看起来总是很镇定，即便是在大秀开场之前也一点都不紧张。的确，作为一个在刚成年的时候就经历过战争的人，我知道自己无所不能。什么都吓不到我。战时的经历让我变得坚强。”

在从东京的一所四年制的女子大学毕业之后，森英惠立刻和一位名叫森健的纺织品厂高管结了婚。不过，她对于日本社会期望已婚妇女所扮演的角色感到厌倦，于是报名就读了一所名叫"杉野制衣"的服装学校（Sugino Dressmaking School）。随后，她在位于东京市中心的新宿开设了自己的第一家门店，而门店的对面就是一家播放欧美最新电影的电影院。有一天，一位日本电影制片人注意到了她在商店橱窗里布置的样品，于是走了进去，问森英惠是否愿意为他的电影设计戏服。就这样，森英惠作为戏服设计师的职业生涯开始了。后来，她为多达 500 多部日本电影设计了戏服，并且她或许是第一个在日本从事"设计师"这个职业的人。

后来，森英惠就变得和她为之设计的明星一样出名了。但是到了 20 世纪 60 年代早期，随着电视机的出现，日本的电影工业越来越衰落，电影观众也开始流失。森英惠一度决定不再从事设计，转而全心全意在家做两个儿子的全职妈妈。后来，她将自己 1961 年在巴黎度假的那段经历称作她人生的一个重大转折点：

> "我拜访了可可·香奈儿女士在巴黎的高定工坊。那还是在香奈儿女士仍然健在的时候，当时他们很少会有亚洲的顾客。香奈儿女士很喜欢我长长的黑头发，于是提出说想要为我做一件橘色的西装，但是我礼貌地拒绝了。后来，她将橘色用作了衬里。我为那件衣服无可挑剔的做工和考究精良的设计而痴迷不已。在那段经历的激励下，我决定要继续做一个服装设计师。"

门克斯（Menkes，2001: 13）则一针见血地指出，在森英惠的作品当中可以显见日本传统和法国高级定制技巧的交融。

> "就像一层层洋葱皮般的和服一样，森英惠女士所使用的技巧也是一个接着一个。首先引人注目的是衣服的面料和它的配饰：精巧的印花带来了色彩和图案；面料质地从生丝到羊绒不等，还有贴花的玫瑰和标志性的蝴蝶点缀；然后就是它们的针线活，例如一件紧身胸衣或是覆盖着一条裙子的细小褶皱。小溪般的褶边、优雅的褶裥和格纹或是缎带都是定制效果，但又看起来毫不费力。而在这种轻盈的手工和态度背后，是精准的剪裁让飘逸的斜纹裁雪纺礼服或是一件手工剪裁的西装随着身体的曲线而摆动。这样做的结果就是，虽然森英惠女士完全掌握了西方的剪裁和缝纫技术，但是她的设计仍然弥漫着日本的文化精神。"

在法国使用经济和社会资本，在日本使用符号资本

创立自己公司的初始投资，以及要在一个高大上的地点每年发布两个系列，还要在其他好几个国家及法国国内开设门店，所有这些事宜的费用（Crane，1997a）可能会非常高昂。高级定制是一个需要一定的资金去开始以及维持的行业。如果没有像森英惠那样拥有相当的经济和社会资本，一个设计师根本不能在巴黎最繁华的地方租用一间工作室，或是福利齐全地聘请最少 25 位全职女工，并在一年里举办两次发布会。森英惠当时的想法是（转引自 Brabec，1977: 7）："法国的高定设计师

正在日本赚大钱，为什么我就不能在巴黎也那样做呢？"对于她是如何得以进入相当排外的法国高级定制圈，她是这样解释的：

> "当我加入这个组织[1]的时候，格雷斯女士（Grès）是该协会的时任主席……人们总是跟我说，我作为一个亚洲人能够进入一个那么保守的圈子是多么幸运。或许我的确是很幸运。我能够加入的原因或许是因为我是一个女人，因为在格雷斯女士看来，这个协会将来需要更多的女性高定设计师……每个人都想知道我是怎么成为这个协会的一员的……但是个中并没有什么特别的……有的只是我的决心和努力。审美的世界没有边界，每个人都在寻找又美又新鲜的东西。"

法国的时尚门槛把持者们也都意识到，森英惠已经将自己和其他从高级成衣而非高级定制开始设计的日本设计师区分开来了。一位时装记者曾经这样写道（Brabec，1977: 7）：

> "高田贤三、三宅一生、山本宽斋[3]和鸟居由纪[4]这几位来自日本的设计师截至目前都只参与了高级成衣的设计，但是森英惠却对高级定制发起了挑战。她将于1月27日在她位于蒙田大道上的沙龙发布自己的高定系列，并且成为过去十年来巴黎唯一一开设的高级定制时装屋……她的目的只有一个：征服巴黎，并且同时享用我们首都永远繁盛的特权。"

---

[1]　法国高级定制服装协会。——译者注

事实上，森英惠并不是第一个非法国籍的高定设计师，例如艾尔莎·夏帕瑞丽就是意大利人，克里斯托巴尔·巴伦西亚加（Cristol Balenciaga）是西班牙人，但是在她之前，来自亚洲的高定设计师还是闻所未闻的。对此，一位法国时装记者这样写道（Lohse，1987）："她是第一个被获准进入巴黎这个名叫'法国高级定制时装协会'的封闭式俱乐部的外国人。"在这位作者看来，该协会其他非法国籍的设计师都不算是外国人，因为他用了"异乡人士"（étranger）这个词来描述一位非西方的设计师，而这也恰恰说明，一位在巴黎这个时尚之都获得时装设计师终极地位的亚洲设计师是多么罕见。

或许，能够解释她得以进入法国高级定制时装协会的一个理由就是森英惠创建于纽约的广大跨国人脉。她第一次海外发布会的举办地点就是在 1965 年的纽约公园大道上的德尔莫尼克酒店（Delmonico Hotel），而她也通过手写在糯米纸上的邀请函成功吸引到了一众美国时尚作者的注意。和其他日本设计师一样，她也在寻找那些在西方国家找不到的面料，然后就发现了具备典型日本风格的坐垫套，还有用来制造和服腰带的昂贵面料。是她最先引入了印着樱花、蝴蝶和由她自己设计的日本工笔画的裙子，并且这些印花很多至今仍然还在她最近的系列当中出现（图 8.1、图 8.2）。森英惠也正是凭借这样的设计认识了尼曼百货的总裁，而且后者还为自己的太太也定制了四款这样的衣服。所以从那个时候开始，森英惠的人脉就开始像滚雪球一样越滚越大，并且最终带她去到了巴黎。

摩纳哥兰尼埃亲王（Prince Rainier of Monaco）也曾在达拉斯的尼曼百货为他的夫人格雷斯·凯利（Grace Kelly）购买过森英惠的衣服，

图 8.1

森英惠 1989 年春夏高定系列。森英惠的强项在于
她能将无可挑剔的西方制衣技巧和具有美感的日本
文化元素结合起来，例如印在丝质雪纺晚长衫上的
黑白书法。

来源：森英惠高定时装工坊提供。

图 8.2

森英惠 1993 年秋冬高定系列。森英惠将日本的高雅文化及审美介绍给了西方国家。比如这件晚礼服上就印着一个放大了的日本歌舞伎演员的脸，并且在裙角的地方做了绗缝处理，而这也是一个日本传统和服当中常用的技巧。

来源：森英惠高定时装工坊提供。

而后来也正是凯利王妃在 1975 年邀请了森英惠到摩纳哥举办一场慈善发布会。就在她从摩纳哥回来的路上，凯利王妃又鼓励森英惠再到巴黎去举办一场发布会。为了森英惠的第一场巴黎发布会，凯利王妃特意带来了自己的朋友索菲亚·罗兰，还有一些时装记者，例如已经过世的《国际先驱论坛报》时装编辑赫柏·多西（Hebe Dorsey）。在这场发布会之后，当时正在 Ungaro 高定时装屋工作的松本弘子（Hiroko Matsumoto）的丈夫亨利·伯格（Henry Berghauer）提出说想要和森英惠合作，并将她领入高级定制圈。后来，森英惠于 1977 年在自己的沙龙举办了她的第一场官方高定发布会。不过，当她在巴黎进行这些工作的时候，她在日本并没有获得多少关注。对此，她解释说：

> "日本媒体花了好几年的时间才意识到我当时在巴黎是在做什么。在那时候的日本，几乎没有人知道高级定制和高级成衣之间的区别。直到我在法国得了好几个大奖之后，他们才开始注意到我[5]。每当有什么人成为'唯一的亚洲人士'之后，他们就开始感兴趣了……就时尚来说，日本人对于西方时尚有着一种非常强烈的自卑情结，所以一个日本服装设计师想要获得日本国人的承认是相当无用的。日本人通常会认为，任何来自西方的事物都比日本本国的要好。所以我才不想让我的余生只为日本消费者设计衣服呢。"

获得日本人的承认变得毫无意义。正如我在前几章里解释过的那样，这是很多在巴黎发展的日本设计师共同持有的想法。日本不是一个鼓励年轻人成为艺术家的国度。

在日本，做一个艺术家就等同于失业。当时没有哪所日本大学会为学生提供时尚设计的学位，而那也意味着在高度看重教育和资格认证的日本，时装设计师作为一门职业从来都不是一个精英的工种。然而，正如19世纪的沃思一样，成为巴黎高定设计师的森英惠提高了服装设计师在日本人心目中的社会地位。

森英惠充分利用自己作为高定设计师的特权，聘请来巴黎最好的缝纫女工为她干活。对于自己和那些法国缝纫女工的关系，森英惠曾经这样解释说（Mori Hanae To Haute Couture Exhibition Catalogue，1992: 25）：

> "我大概花了一年的时间才和我的工坊里那些缝纫女工达成默契。她们都是非常骄傲的人，而且我和她们之间存在语言问题。在我看来，她们似乎对于我作为一个日本设计师能够完成多少作品，以及完成什么样的作品充满疑问，虽然日本作为市场是非常有利可图的。现在，她们都尽在我的掌控中了……一个高定设计师就像一个交响乐的指挥，也就是说，一个高定设计师要像一个乐队指挥那样去指挥富有技艺的专家，才能创作出美妙的音乐或衣服。"

在自己的自传当中，森敬对母亲和她手下的巴黎缝纫女工之间的互动这样写道（Kei Mori，1998: 232）：

> "看我母亲用她蹩脚的法语进行交流非常有趣……她会用日语和英语两种语言对她的缝纫女工发号施令……比如'再加一点绢网，我

们需要加大体量'‘做一朵粉色渐变的假花'‘羽毛也要染成渐变色的，然后把它别到裙子的一侧'……这些缝纫女工只会说法语，于是她们就用法语回答她，然后我母亲就会微笑着点点头，仿佛听懂了她们在说什么似的。最开始我有点替她担心，并且好奇她们是否真的在进行交流……但是很显然，她们的确是在交流。不论我母亲想要什么效果，最后出来的结果也总是和她期望的一模一样，这真是非常神奇。"

引入日本高雅文化，打破传统东方形象

高级定制必须成为高雅文化的一部分。当有报道宣布，巴黎最有名望的两家高级定制时装屋——迪奥和纪梵希的设计掌控大权将落入英国设计师手中的时候，一位美国时装记者这样写道（Spindler, 1996: A1）：

> "对法国人在文化方面的自豪感而言，这是一次沉重的打击……并且（这次被任命的）还不是随便什么英国设计师：要知道，入主纪梵希的亚历山大·麦昆现年27岁，从纪梵希轻轻一跳到迪奥的约翰·加利亚诺现在也才36岁，而且众所周知的是，这两人都出身工人阶层：对于露屁股的裤子和喷漆皮夹克这样富于挑逗性的风格，生性狂野的他们有着天然的兴趣。"

这样的报道反映了公众对于"高定时尚是高雅文化和上流社会的产物"这一共识的承认。高定时装和工人阶层没有任何关系。露屁股的裤

子和喷漆皮夹克在高定时装当中是绝对没有任何位置的。不仅如此，这位作者还补充说，加利亚诺是水管工的儿子，而麦昆的老爸是出租车司机。可能你要问，这跟设计并制造高定时装有关系吗？可事实就是，设计师的形象和背景在制造高级时装方面非常重要，因为后者反映的是高雅文化的形象。在我们今天的社会当中仍然存在对高雅文化和大众文化刻意进行区分的意图，而时尚则是维持那种区别的方法之一，尤其是在法国。

森英惠的意图并不是要挑战现有的时尚体系制度，而是想要获得后者的承认。和高田贤三或是那些前卫设计师不同，森英惠并没有打破西方的服装体系和美学观念。她并没有采用那些最早只有日本渔民或农民才会穿的面料，而是顺从地留在了日本文化的领土里面，也就是日本的高雅文化。她用日本的文化产物将日本的最高奢华和美带去了西方，并将它们改造为适合西方的审美。她并没有挑战既有的时尚体系，而是想被纳入其中。事实上，她想要挑战的是西方人对东方以及日本妇女的负面形象。比起高田贤三和其他日本设计师，森英惠将日本时尚更加提升了一步。

1961 年，森英惠第一次造访纽约并在那里观看了歌剧《蝴蝶夫人》，但是剧中塑造的落魄日本妇女的形象和美国人对日本的无知让她难过不已。正因如此，她发誓要做一个改变那种形象的服装设计师。她不想成为那场歌剧里面那样的日本女人，她想成为的是一只"能像喷气式客机"那样飞翔的蝴蝶。对此，森英惠的原话是：

"日本是一个人们身穿和服的国度，所以如果有人认为日本人在

256

设计西式服装方面非常落后，那也是很自然的，因为它们本就是源自
西方传统和西式的生活方式，而且事实的确如此。但是，通过将东方
传统融入西方的服装体系，我们可以拓展服装的意义。我觉得那就是
我作为一个在巴黎发展的亚洲高定设计师的使命。"

和那些前卫的日本设计师不同，森英惠毫不犹豫地接受了她祖国的
文化遗产，以及她作为一个日本高定设计师应该扮演的角色。人们期望
她具有日本风格，而那必须在她的设计当中反映出来，否则的话，那就
不符合时装作者对她的期待（转引自 Kondo，1992：69）：

> "凭借华丽的丝质喷绘图案（上面印着从古代日本艺术屏风上撷
> 取出来的格言），森英惠开心地回归了她的文化根源。未经剪裁的面
> 料构成了类似和服的飘逸晚礼服。在森英惠女士得不偿失地模仿欧
> 式风格数年之后，能看到她重新回归到最初的灵感源头真是太令人
> 惊喜了。"

于是，她的使命感就来自想要表达日本最高审美标准的愿望。而要
实现那一点，她也借用了法国的时尚体制来将前者引入并融入西方的服
装和时尚系统。她需要拿出一种受到法国时尚体制认可的新式的高级时
尚，然后将它变成一种合法的品位。对于自己在日本以外的职业生涯，
森英惠回忆说：

> "最开始的时候，我的确是在强迫自己努力打破日本妇女的低贱

形象。第二次世界大战之后，很多日本女性都想找个美国大兵当老公，因为他们比日本男人有钱多了。我当时就想，这些女人真是没救了，要是让她们成为西方人对日本女人的集体印象，那简直可悲。我想要让这个世界知道，并不是所有的日本女人都是那样的。"

直到今天，森英惠仍然在拓展她的国际人脉，并积累她的社会、经济和符号资本。即便是在日本国内，森英惠也和富人、精英阶层有着密切的社会联系。她为多位日本皇室家族成员都设计过衣服，并且自 1967 年开始，每一位日本首相太太的衣服都是她设计。要知道，社会网络和人脉资本并不是一夜之间就能建立起来的，而正是这种符号资本让其他不论是身在日本还是巴黎的日本设计师都很难模仿。要想获得服装设计师的最高地位，设计师就需要财政资源和不断扩张的社会联系。

不断变化的高级定制和森英惠的事业

高雅文化试图将自己和流行文化及大众文化区分开来，而随着这两者的界限在当代社会中逐渐消失，高级定制和非高级定制之间的区别正在变得越来越无关紧要，因为高级时尚，或者说高雅文化在许多方面都被民主化了，并且人们获取它们的方式也越来越多样。这从高定时装屋的数量日趋减少就能看出端倪（参见表 2.3）。

在第二次世界大战之前，设计师对自己的高级定制工坊至少拥有一部分所有权（Crane，1997a: 398）。第二次世界大战结束之后，法国奢侈时尚行业的本质发生了变化。第二次世界大战后的法国高级定制企业代表了一种新型的时装机构，它们依靠的是财务操作、大量的金融投资和对很多种附加产品进行授权经营来增加收入。高定工坊现在很少是完全由它们的创始家族所拥有了，并且很多都已经被大型企业收购，所以那些私营的小型高定时装屋想要和那些有着大型投资方的高定时装屋进行竞争也变得越来越难。

　　森英惠的公司也不例外。她的公司是由她的家族私人拥有且自己经营的：最开始是她的丈夫，在丈夫于 1996 年过世之后由她的大儿子森明接手。森英惠的公司是以家族企业的形态起步的，而且森英惠的公司员工当中有着紧密的凝聚力，有些员工甚至已经在她手下工作了 20 年以上。森英惠将自己的成功都归功于她已经去世的丈夫，因为是他在帮她打理公司的业务。2001 年，森英惠的公司宣布：他们的成衣线和特许经营部门将被卖给一家英国的投资公司——罗斯柴尔德集团（Rothschild）和一家大型日本贸易公司三井物产株式会社（Mitsui and Co.）。2002 年 5 月，她设于巴黎的高级定制部门也被卖了，虽然森英惠仍然会继续为它担任设计师。对此，她的小儿子森敬解释说："我们对于母亲希望她的品牌今后做何处理进行了很多次讨论。她是希望自己的名字像香奈儿那样流传于世呢，还是希望自己的品牌善始善终？"这个家族的决定或许是前者。像高田贤三那样对时尚体制的结构变革进行利用的设计师对新近完成了体制化的成衣系统也成功地进行了利用。现在，轮到山本耀司对高级定制发起冲击了，因为他声称自己的高级成衣线从精神上来说属于高级定制（*Women's wear Daily*，2002a: 15）。在好几季之前，当伯纳德·阿诺特对纪梵希和迪奥的设计师人选高调进行招聘的时候，山本耀司的名字也曾经在候选人的名单上出现过（Foley，

1998: 8）。对他来说，这可能是冲击高级定制的最佳时机，因为高级定制机制已经放松了自己的要求，并且正在引入半定制。

事实上，山本耀司早在 1996 年就表达了自己对高级定制的兴趣，并对一位记者解释说（Kerwin，1996: 8），真正让他好奇的是"高级成衣和高级定制之间的界限"。他正在试图创造某种让人耳目一新的高级定制，不过仍然会使用成衣的制作技巧（Kerwin，1996: 8）。到了 1998 年，他又表示："过去两年里，我一直在努力思考关于所谓的'定制'的问题……我一直在学习，并且想要用我自己的方式去厘清这些概念。我希望用这个系列去探索定制的未来会走向哪里。"

虽然他并不在法国高级时装联合会认定的高定设计师名单里，但是在 2003 年 7 月的高定时装周期间，山本耀司还是采取了行动，那就是选择在那个时候发布了他原本应该在 10 月的高级成衣时装周期间发布的高级成衣系列。那么这样一来，他在当年 10 月的高级成衣时装周期间又拿什么来发布呢？山本耀司原本是想发布他名为'Y's 的副线，但是法国高级时装联合会最终决定，不允许他在官方日程名单当中发布自己的副线（*Women's Wear Daily*，2002b: 26）[6]。最后的结果就是，山本耀司作为非官方邀请的设计师进行了发布，因此也没有被纳入法国高级时装联合会的官方日程名单当中。川久保玲会效仿他的做法吗？现在由泷泽直己接手设计的三宅一生呢？要让高级定制体制继续存活下去，法国高级时装联合会可能需要对它进行进一步的体制变革，就像他们在 1973 年对成衣做的体制变革那样。

就在高级定制协会的新成员开始设计"半定制"，并且受到越来越少的规定约束的时候，森英惠仍然在坚守那些严格的规定，继续维持着她作为传统高定设计师的身份。和高田贤三一样，森英惠在日本和法国的时尚界当中都占据了独一无二的地位，并且她的成功也不能轻易被复制。

结　论

因为她在法国的高定设计师地位，森英惠在日本民众心目当中是一个特别的存在，因为迄今为止，还没有别的设计师获得了这个地位。而这之所以能够发生，一方面是因为她之前已经在日本获得了相当的经济资本，另一方面是因为她在纽约获得了社会资本。而实现这个地位之后，她又反过来用法国时尚体系赋予她的符号资本进一步增加了自己在日本的经济资本。作为高定设计师协会的一员，她享受到了只有少数几个设计师才能享受到的特权。但是随着社会的民主化，人们对于时尚的品位和服装的选择也受到了民主化进程的影响，高级定制作为高雅文化习俗的地位也受到了质疑。这反映在高定时装屋数量的下降、规则的放松，以及一种叫作"半定制"的新型制衣方式的诞生上。

注

1. 她在我的采访当中表示："我在 20 世纪 50 年代被视作前卫设计师，但是现在，人们却说我设计的是经典款！"

2. 森英惠的所有评论都来自我于 1999 年 6 月 3 日对她进行的采访，除非有做其他说明。

3. 山本宽斋参加了好几年的巴黎时装周。

4. 鸟居由纪现在仍然在参加这个时装周。

5. 森英惠分别于 1978 年 7 月 4 日和 1984 年 3 月 26 日被法国文化部授予"巴黎市银奖章"（la Medaille d'Argent de la Ville de Paris）和"艺术人文骑士十字架"（la Croix du Chevalier des Art and Lettres），以表彰她为巴黎市的荣誉所作出的贡献。至于她所获的其他奖项，可参见附件 C 中的表 C.3。

6. 法国高级时装联合会早就定下了规矩，副线品牌不能在高级时装周期间进行发布，因为它们会挤占官方日程，就像它们在米兰时装周和纽约时装周上那样（Women's Wear Daily，2002b: 15）。法国高级时装联合会还督促米兰时装周也将副线品牌从发布会的日程当中去除，以缩减欧洲时装周的时间。

总结
巴黎：时尚的战场

在今后对时尚的社会学研究当中，只要涉及法国，那么研究的焦点就会是从 20 世纪初就开始巩固自己垄断特权的高级定制体系。这个机构在只剩下 11 个成员的情况下还能继续维持下去吗？高级定制的消失让身在巴黎的设计师之间的区别越来越小，而高级时装文化的消失甚至可能导致法国时尚霸权的崩塌，因为作为一个有着严格规则规定的体制化的系统，高级定制只存在于法国。要使这个体系继续存活下去，作为机构的法国高级时装联合会应该进行哪些体制性的变革？如果巴黎失去它在时尚界的领导地位，哪个城市又会取而代之，成为下一个时尚之都？时尚的下一次集权化会发生在什么时候？

结构性的压力会导致一个新的体系的出现（Crane，1987；White and White，1965/1993），而巴黎的时尚现在就正在经历那样一个过程。

在时尚已经成为一桩关乎形象的生意的今天，巴黎仍然会是时尚的主战场吗？法国高级时装联合会的主要宗旨就是维护巴黎作为世界时尚之都的地位，所以它不仅要代表功成名就的法国高定设计师的利益，同时也要代表正在起步的年轻设计师的利益。与此同时，巴黎也应该继续让外国设计师到巴黎来发布自己的作品。

不仅如此，被视作审美文化最权威认证机构的法国高级时装联合会也面临着要在每个高级成衣时装周期间处理超过一百场时装发布会的压力，而作为一个单一的集权化的机构，法国高级时装联合会想要去控制发布会的传播机制，以及只用一个评判体系去评价并处理这么多的设计师正在变得十分困难。对于那些可能会损害该体制形式结构的设计师来说，他们的动机和使命会让他们对这个机构的效力发起质疑。如果法国时尚体系想要维持自己的霸权地位以及这个体系本身的长治久安，变革就一定是不可避免的，而这里所说的变革是作为时尚内容的服装在风格和款式上的变革，内容的稳定性对于时尚来说是致命的，因为在这个领域，最受欢迎和重视的就是新鲜事物。人们会欢迎和鼓励富有创意的新事物，但是那些太过难以理解或是太过激进的产品也会被排除在该体系之外。设计师们必须不停地就界定的边界和这个霸权体系进行讨价还价。

在重新定义服装和时尚的过程里，日本设计师扮演了关键的角色，因为他们重新解读，有些人甚至完全摧毁了西方国家对于服装体系的定义。然而，法国的时尚体系并没有将他们作为异类排除在外，而是赋予了他们富有创意和创新性的标签，并向他们授予了在那之前只有西方设计师才可能获得的地位和特权。这些日本设计师成功地踏入了由法国时尚体系和时尚圈内人及门槛把持者们所把控的领地。当一种艺术表现形式在某个创意群体里被创造出来，或是一种文化被介绍进另一种文化，像时装记者和时尚评论家这样的门槛把持者的作用就非常重要了。法国时尚体系对日本风格的接受使得另一群比利时设计师也开始对法国时尚体系加以了运用。从 20 世纪 80 年代中期到 90 年代早期，一群毕业于安特卫普皇家艺术学院（Royal Academy of Fine Arts in Antwerp）的比利时先锋设计师们也遵从了这些日本设计师的步伐（Mendes and de la Haye，1999）：迪尔克·比肯贝格斯（Dirk Bikkembergs）在 1986 年，马丁·马吉拉（Martin Margiela）在 1988 年，德赖斯·范诺顿（Dries Van Noten）在 1991 年，以及安 - 迪穆拉米斯特（Ann Demeulemeester）在 1992 年都先后来到了巴黎。通过追踪新锐设计师们在巴黎的成功，我们可以看出，他们到底是在宣扬和强化这个现有的体系，还是在妨碍该体系的稳定，并促进一种新体制的生成。

在时尚生产的过程中，社会建制可以直接影响谁会成为设计师，如何成为一个设计师，如何组织服装发布会，以及如何确保自己的作品得以制作、发布并向公众传播。对设计师作品的评判和评价并不是由个人的审美决定，而是一项由全社会授权和构建的活动；时尚专业人士在这当中起了主要的作用，包括传播设计师的名字、塑造形象和推销他们的衣服等。作为时尚之都的巴黎不能脱离设计师们独立存在，而是需要后者来维持"巴黎创造着外表和美的标准"这一信念。和其他所有没有实体、看不见摸不着的信念一样，这个信念也有着自己的现实意义。正是由于这个信念，时尚专业人士和时装设计师才会继续在巴黎发展。所以说，时尚是由社会建构的。

附件 A：研究设计

针对我早些时候的研究问题，我选择了一个社会学的定性的研究方法。书中所有的数据都来自我近一年的田野调查，其中包括对时装发布会的观察，和 1998 年 7 月至 1999 年 4 月在巴黎、1999 年 5 月至 8 月在东京，以及 1999 年 9 月至 11 月在纽约进行的采访。这些数据大部分都来自我对日本、法国和美国的时尚从业人士进行的采访。不过我发现，利用自己跟时尚从业人员的私人关系进行研究有利也有弊。我已经尽我所能在接触这些时尚专业人士的时候不带入任何先入为主的想法，但是我必须承认，想要避免某些偏见的确有点困难。不过，这样做的好处就是，我不用再花时间去问他们一些关于服装制造技术层面的基础问题。对于这些问题，我只需要和他们进行确认就行了，并且受访者和我常常会使用同样的术语；这也就是说，我可以用他们的行业语言进行沟通。

266

我在巴黎的研究以我从一本在一所时尚学院里发现的名叫《成衣设计师名录1997》(*Book des Créateurs 1997*) 的小册子当中筛选日本设计师的名字开始。从那份名录当中，我一共发现了16个日本名字。针对那些已经在巴黎成立了办公室的设计师，我从当地的电话黄页里找到了他们的地址，然后用日语给他们每一个人都去了一封求采访的邮件。另外，我还在《时尚手册：全球设计师名录（1998）》[*The Fashion Guide: International Designer Directory (1998)*)] 这本书中找到了一些设计师所用的公关的名字。我把求采访的邮件要么直接发送给设计师本人，要么发送给他们的公关。在我的邮件里，我向他们解释了我是谁，这次采访的目的是什么，以及采访可能会持续的时长。在这16个人中，有10个人的收信地址在巴黎，还有6个在东京。在巴黎的10个人中，有3个人对我的请求予以了肯定的回复，并同意接受我的当面采访。对于那些没有回复的设计师，我又去了电话，但是他们要么就是联系不上，要么就是没有时间和我会面。每当我获得一个同意接受采访的回复，我都会请他们帮忙再引荐其他人。就这样，我的采访对象开始像滚雪球一样越滚越多。不过，即便是受到了认识的人的引荐，仍然还是有一些设计师不愿意和我聊，并以没有时间为由拒绝了我的采访要求。这些访谈都是半结构式的，并且很少会按照计划进行。有些受访人只会坐下来聊半个小时，还有一些则可以聊上三个小时。最开始的几次采访话题都非常宽泛，因为我那个时候对法国的时尚体系知之甚少，但是在几次采访过后，我开始意识到哪些问题是重要的问题，以及我需要哪些问题的答案，我便给他们当中一些人又回了电话，并通过电话向他们咨询了一些关键的问题。

在我对一位日本设计师进行采访的时候，我花了半小时才意识到他不

267

希望我对这次采访进行录音。当我问他是否介意我对采访录音的时候，他说："最好不要，但是如果你觉得一定有必要的话我也没办法。"于是我就决定要录音。然而，就在我开始问他问题的时候，他变得非常焦躁不安，并且会不停地起身去上厕所或是倒水喝。后来我终于意识到，他其实根本不希望我对这次采访进行录音。这件事让我后来对采访录音变得非常谨慎。因为在日本人看来，说"不"是一件非常不礼貌的事，有的时候甚至会有冒犯意味。类似的事件还在其他情景里也发生过，于是我决定，干脆在进行大部分采访的时候都不再录音了，因为和人们进行访谈的目的就是能倾听他们真正的声音、对时尚界的真正看法。

于是，我一边采访一边做了大量的笔记，并且总是会在采访结束之后的一个小时以内回到我的住处，将我的笔记誊录到电脑里。我也从来没有连着做过两次采访，因为我在每次采访结束以后都需要时间回家完成这项誊录的工作。有些时候，一些受访者希望在工作结束以后和我在咖啡馆会面。在这种情况下，记笔记就显得不太合适，因为我在记笔记的时候会被受访者盯着看，而这对我的思路来说是一个巨大的干扰，于是我就会停止记笔记，改为只记下要点，并在结束之后将它们还原成句子。对于日本设计师，我都是用日语进行采访，而对法国、美国、意大利或是其他国籍的设计师，我的采访大多是用英语进行，唯有对某些法国人是英语、法语混杂。在用日语进行的采访当中，我用日语记笔记，然后用日语将它们敲进电脑。在我开始对我的采访进行分析的时候，我会将那些在我的数据当中至关重要的部分挑出来，并将这些部分翻译成英语。

我总共采访了62个人：其中40个在巴黎，15个在东京，还有7个在纽约（参见表 A.1）。我将每一个接受过我采访的人都视作一次采访，虽然我和他们当中某些人见过不止两次，还和有些人通过数次电话。采访的总数当中包括一个因为健康问题不能和我当面会谈，但允许我给她发去一张问题清单，而她用电子邮件进行了回复的情况。此外，我还努力不只是和设计师们聊，还和各个层级的时尚从业者们聊，以此来获得整个时尚体系的全貌，并充分理解它的架构。鉴于有些日本设计师和时尚从业人士只会在时装周期间在巴黎待上一小段时间，我便把我和他们的会面安排在日本。此外，我还在纽约进行了数次采访，虽然我是在巴黎和这些人联系上的。

除了采访，我还参加了当季的时装发布会（参见表 A.2），并拜访了在巴黎时装周期间举办的贸易集会（参见表 A.3），具体来说就是：1998年 7 月和 1999 年 1 月的高定时装发布会，1998 年 10 月和 1999 年 3月的高级成衣发布会。在这些时装周举办的两个星期之前，我给每个品牌的公关部（不论是独立的还是公司内部的）都发了一封邮件，请求他们给我一封参加发布会的邀请函。为了搜集书面的材料和文献，我还使用了一些时尚领域的专业研究图书馆，比如法国时装研究院（Institut Français de la Mode）和时尚及纺织面料艺术博物馆（Musée des Arts de la Mode et du Textile）的一个研究中心。

此外，在 1998 年 7 月，也就是法国高定时装周期间，我还偶然撞见了一次高级定制女工的示威游行,地址是在一场发布会举办的酒店前面。当时，Nina Ricci 高定时装屋已经关闭，而那些女工正是在那里用她们的缝纫桌、缝纫机和塑料模特来抗议不断减少的高定时装屋数量。有些女工在那里给一件晚礼服的大身缝制细小的褶皱，还有一些在用针线标记缝线。就连衣服的马尾衬也是全手工缝制。这些费工费时的制衣方法和技巧从来不会在量产服装行业里用到。于是，我就在那里对这次示威观察了几个小时，而这也让我得以看到传统的定制服装和法国高级定制技术之间的相似之处和不同；关于这部分内容，本书的第四章里有较详细的讨论。

我们不能脱离服装去谈论时尚，也不能脱离设计师去谈论时尚，因为我们穿的衣服都是后者设计的，而那也是为什么我们对时尚的讨论通常是关于它的具体内容；还有很多人尝试将这些内容和特定的社会风潮或事件联系在一起。与之类似，在讨论到这些前卫日本设计师的时候，他们设计的内容、廓形和面料在解释他们为什么是反传统，以及理解什么是制衣传统的时候也很重要。我从日本、美国和法国的时尚杂志上搜集到了一些他们的图片素材，例如 *Vogue*、*Elle*、*Marie-Claire*、*So-En*、*More* 等，以及一些报纸，例如《纽约时报》（*The New York Times*）、《女装日报》（*Women's Wear Daily*）、《法国世界报》（*Le Monde*）和《费加罗报》等。此外，我也在东京文化时装学院和纽约时装技术学院观看了大量时装发布会的视频，所以我能够对他们的设计进行一次质性研究。

总的来说，我的研究方法是由人物采访、观察时装发布会和贸易集会，以及在图书馆对书面和影像材料的搜集组成的。

表 A.1

受访者的职业分类

职业	受访总人数
助理设计师	7
设计师	21
时尚编辑	4
政府官员	1
行业顾问	3
指导员	2
时装记者	3
商人	2
打版师	2
公关	7
出版商	2
公司老板	1
学校校长	1
零售商／销售人员	6
总计	62

	活动	设计师	日期
表 A.2 参加过的时装 发布会及时装 周类别	1999 年秋冬高级定制时装周	Dominique Sirop	7/19/98
		Yves Saint Laurent	7/22/98
	1999 年春夏高级女装成衣时装周	Christophe Lemaire	10/13/98
		Corinne Cobson	10/13/98
		Dice Kayek	10/13/98
		Erotokritos	10/18/98
		Hanae Mori	10/19/98
		Hervé Léger	10/17/98
		Junko Koshino	10/18/98
		Koji Nihonmatsu	10/19/98
		Marcel Marongiu	10/14/98
		Michel Klein	10/13/98
		Sonia Rykiel	10/15/98
		Veronique Leroy	10/17/98
		Xüly Bet	10/16/98
		Yoshiki Hishinuma	10/13/98
		Yuki Torii	10/19/98
	1999 年春夏高级定制时装周	Adeline André	1/17/99
		Lapidus	1/18/99
		Paco Rabanne	1/20/99
		Yves Saint Laurent	1/20/99
	1999 年春夏高级男装成衣时装周	Christophe Lemaire	1/28/99
		Francesco Smalto	1/30/99
	1999 年秋冬高级女装成衣时装周	Daniel Hechter	3/13/99
		Gomme	3/15/99
		Hanae Mori	3/16/99
		Hervé Léger	3/13/99
		Hiromichi Nakano	3/8/99
		Isabelle Ballu	3/8/99
		Jean Colonna	3/9/99
		Jerome L'Huillier	3/8/99
		John Ribbe	3/8/99
		Junji Tsuchiya	3/10/99
		Junko Koshino	3/16/99
		Keita Maruyama	3/10/99
		Koji Nihonmatsu	3/15/99
		Koji Tatsuno	3/10/99
		Marcel Marongiu	3/10/99
		Michel Klein	3/9/99
		Moon Young Hee	3/8/99
		O0918	3/8/99
		Veronique Leroy	3/12/99
		Yves Saint Laurent	3/8/99

表 A.3

在巴黎举办的时尚相关活动及贸易集会：1998—1999 年

月份	活动
六月	"Expofil"展会（面料）[Expofil (fibers)]
	国际香氛和化妆品行业会展
	（International Perfume and Cosmetic Industries)
七月	国际男士和男孩用品贸易展
	(International Men's and Boys' Trade Show)
	童装和青少年服装高级定制系列国际贸易展销会（International Trade Show for Children's Wear and Juniors' wear Haute Couture Collection)
九月	男士高级成衣系列（Men's Prêt-à-Porter Collection)
	服装／时装、珠宝及配饰（Costume/Fashion Jewelry and Accessories)
	女士高级成衣（Women's Prêt-à-Porter)
	男士及男孩服装（Men's and Boys' Wear)
	皮具（Leathergoods)
	童装（Children's Wear)
	高级女士成衣 [Première Classe (women's ready-to-wear)]
	鞋履（Shoes)
十月	时尚饰品和装饰品（Fashion Trimmings and Supplies)
	"Première Vision"展会（服装面料）[Première Vision (fabrics)]
	"Preview Material Fashion"展会（Preview Material Fashion)
	"Première Classe"展会（女装成衣）[Première Classe (women's ready-to-wear)]
	"Paris Sur Mode"展会（女装成衣）[Paris Sur Mode (women's ready-to-wear)]
	"Atmosphère"展会（女装成衣）[Atmosphère (women's ready-to-wear)]
	"Espace Carole de Bona"展会（女装成衣）[Espace Carole de Bona (women's ready-to-wear)]
	"Workshop at Samaritaine"展会（女装成衣）[Workshop at Samaritaine (women's ready-to-wear)]
	女士高级成衣系列（Women's Prêt-à-Porter Collection)
	眼镜（Eyewear)
	鞋履用品（Shoes Supplies)
十一月	轻鞋履（Light Footwear)
	批量零售时装（Volume Retail Fashion)
	"Première Démarque"展会（折扣库存）[Première Démarque (discounted stock)]
十二月	"Expofil"展会（纤维贸易展）[Expofil (fiber trade show)]
一月	高级定制系列（Haute Couture Collection)

月份	活动
一月	服装／时装、珠宝及配饰（Costume/Fashion Jewelry and Accessories）
	女士高级成衣（Women's Prêt-à-Porter）
	男士及男孩服装（Men's and Boys' Wear）
	皮具（Leathergoods）
	童装（Children's Wear）
	高级女士成衣［Première Classe (women's ready-to-wear)］
	鞋履（Shoes）
	针织服装 (Knitwear)
	内衣和塑身衣 (Lingerie and Corsetry)
	内衣面料 (Lingerie Fabrics)
	"Who's Next"展会（休闲服）［Who's Next (Casual Wear)］
	童装 (Children's Wear)
	童装面料 (Children's Wear Fabrics)
	婚礼礼服 (Bridal Wear)
三月	女士高级成衣系列（Women's Prêt-à-Porter Collection）
	时装用品及装饰品（Fashion Supplies and Trimming）
	鞋履（Shoes）
	"Première Vision"展会（面料）［Première Vision (fabrics)］
	"Première Classe"展会（女装成衣）［Première Classe (women's ready-to-wear)］
	"Paris Sur Mode"展会（女装成衣）［Paris Sur Mode (women's ready-to-wear)］
四月	鞋履用品（Shoe Supplies）
五月	供大型零售商面料（Fabrics for Large Retailers）
	"Première Démarque"展会（折扣库存）［Première Démarque (discounted stock)］

来源：法国专业沙龙联合会，1998—1999 年。

The Japanese Revolution in Paris Fashion

附件 B：采访提纲

1. 对于那些直接或间接和法国高级时装联合会有关系的设计师及非设计师，我问了以下这些半结构化的采访问题：

这个机构（法国高级时装联合会）成立的目的是什么？

该机构在法国的时尚产业里扮演了什么样的角色？

它的组织职能是什么？

你认为这个机构为什么可以存在一个多世纪？

创立它的分支机构——高级定制设计师与创意设计师成衣公会的目的是什么？

高级定制作为一门生意是现实可行的吗？

维持这些高定时装屋和法国高定时装协会这个机构本身的存在有哪些困难？

在高定时装屋纷纷发生财务危机的情况下，这个机构还能存在下去吗？

该机构的成员是由什么人推选出来的？

法国国外的定制服装设计师想要成为会员是否比法国本国设计师更加困难？

你是否认为日本时尚是被法国人合法化的？

法国的时尚体系是否正统领着全球的时尚？

成为该机构的成员都有哪些好处？

2. 以下这些半结构化的采访问题是为那些日本时装设计师准备的：

你在法国是怎么起步的？

为什么你会常驻（或部分时间驻扎）在巴黎？

在巴黎举办发布会需要作哪些准备？

你是否有勇气不在巴黎举办自己的发布会？

如果你不在巴黎举办发布会，你是否还能维持你现有的声誉？

假如你没来法国，你还会和今天一样出名吗？

作为一个外国人，你在加入法国时尚体系的过程中有没有遇到什么困难？

要成为高级定制设计师与创意设计师成衣公会的成员，你都经历了哪些步骤？

你是否曾经努力让西方社会接受日本风格？

你会在某一天收拾行李回到日本，并且再也不回巴黎吗？

你自认为是一个日本设计师还是法国／西方设计师？

你在时尚的创造过程当中扮演了什么样的角色？

时尚和普通服装之间的区别是什么?

"流行"到底是什么意思?

时装记者是否有能力把一个时装设计师捧红?

设计师们的创意灵感都来自哪里?

时尚在我们的生活当中重要吗?

时尚在我们的生活当中是必不可少的吗?

什么是时髦以及什么不是到底是由谁来决定的?

什么是高级时尚?

什么是大众／流行时尚?

你的设计属于哪个类别?

你在巴黎、纽约和东京这三个时尚之都之间如何选取自己的定位?

你觉得它们有什么不同吗?

你在这几个时尚体系当中的定位分别是什么?

隶属于法国或美国的时尚体系对你来说有多重要?

为什么你不留在日本的时尚界?

3. 以下这些半结构式的采访问题是针对时装编辑和记者们的：

发布时尚／潮流相关的文章的意义是什么?

你们是如何创建时尚杂志的?

对每一季的时尚新闻和服装新款进行报道的目的是什么?

你们在时尚的创造当中起到了什么作用?

到底什么是时尚?

时尚是由谁创造的?

时尚和普通服装之间的区别是什么?

你能预测下一季会流行什么吗?

"时髦"到底意味着什么?

时装记者和编辑是否有捧红一个时装设计师的能力?

设计师的创意灵感都来自哪里?

时尚在我们的生活里重要吗?

时尚对我们的生活来说是必不可少的吗?

什么是时髦以及什么不是到底是由谁来决定的?

什么是高级时尚?

什么是大众／流行时尚?

这两者之间的关系是什么?

穿高级定制时装的都是什么人?

法国的时尚体系和别国的有什么区别?

日本设计师在法国的时尚体系当中处于什么位置?

日本设计师是法国时尚体系的产物吗?

附件 C：补充表格

表 C.1

考伯特委员会成员名单，2002 年
（除了时装／定制服装和香氛领域）

行业领域	公司	起源于
银／铜	Ercuis	1867
	Christofle	1830
	Puiforcat	1820
水晶	Lalique	1910
	Daum	1875
	Cristal Saint-Louis	1767
	Baccarat	1764
皮具	Longchamp	1948
	John Lobb	1899
	Berluti	1895
	Louis Vuitton	1854
	Hermès	1837
出版／装饰	Yves Delomre	1948
	Pierre Frey	1935
	Bussière	1924
	D. Porthault	1924
	Flammarion Beaux Livres	1875
	Souleïado	1780
瓷器	Robert Haviland & C. Parlon	1924
	Bernardaud	1863
	Faïenceries de Gien	1821

表 C.1

(续表)

行业领域	公司	起源于
酒店／餐饮	La Maison du Chocolat	1977
	Lenôtre	1957
	Taillevent	1946
	Oustau de Beaumanière	1945
	Hôtel Le Bristol	1924
	Hôtel Plaza Athénée	1911
	Hôtel de Crillon	1909
	Hôtel Ritz	1898
	Hédiard	1854
	Hôtel Martinez	1854
	Dalloyau	1802
金／贵金属	S.T. Dupont	1872
	Boucheron	1858
	Mauboussin	1827
	Bréguet	1775
	Mellerio dits Meller	1613
香槟、红酒和白兰地	Château Lafite Rothschild	1855
	Champagne Krug	1843
	Château Cheval Blanc	1832
	Champagne Bollinger	1829
	Champagne Laurent-Perrier	1812
	Champagne Veuve Clicquot Ponsardin	1772
	Champagne Ruinart	1729
	Rémy Martin	1724
	Château d'Yquem	1593
总计	46 家公司	

注：时装／定制服装和香氛领域请另参见表 2.4。

来源：考伯特委员会（2002/2003）。

The Japanese Revolution in Paris Fashion

表 C.2

1868 年迄今巴黎高级时装公会的历任主席

Despaigne	1868—1869
Bernard Salle	1870—1877
Dreyfus	1878—1884
Worth，Gaston	1885—1888
Marcade	1889—1890
Brynlinski	1890—1892
Felix	1893—1895
Perdoux	1896—1900
Bonhomme	1901—1902
Pichot	1903—1904
Storch	1905—1907
Reverdot	1908—1911
Doeuillet	1912
Aine	1913—1916
Paquin	1917—1919
Clement	1920—1927
Worth，J.	1927—1930
Gerber，P.	1935—1937
Lelong，Lucien	1937—1945
Gaumont，Lanvin	1945—1950
Barbas，Raymond	1950—1977
Mouclier，Jacques	1977—1999
Grumbach，Didier	1999—现在

来源：Picken and Miller，1956，以及各个文献汇编。

表 C.3

高田贤三、川久保玲、三宅一生、
山本耀司和森英惠所获奖励

高田贤三

1972 年	日本时装编辑俱乐部奖（日本）
1976 年	巴斯服装博物馆年度最佳服装奖（英国）
1977 年	巴斯服装博物馆年度最佳服装奖（英国）
1984 年	艺术及文学骑士勋章（法国）
1985 年	《每日新闻报》时尚大奖（日本）

川久保玲

1983 年	《每日新闻报》时尚大奖（日本）
1986 年	时尚集团星光之夜大奖（美国）
1988 年	《每日新闻报》时尚大奖（日本）
1993 年	艺术及文学骑士勋章（法国）
1997 年	伦敦皇家艺术学院荣誉博士学位（英国）
2000 年	哈佛优秀设计大奖（美国）

山本耀司

1982 年	时装编辑俱乐部奖（日本）
1984 年	《每日新闻报》时尚大奖（日本）
1986 年	《每日新闻报》时尚大奖（日本）
1991 年	时装编辑俱乐部奖（日本）
1994 年	艺术及文学骑士勋章（法国）
1994 年	《每日新闻报》时尚大奖（日本）
1997 年	时尚集团星光之夜大奖（美国）
1997 年	时装编辑俱乐部奖（日本）
1998 年	佛罗伦萨 Pitti Immagine 公司时尚艺术大奖（意大利）
1999 年	美国时装设计师协会国际奖（美国）

三宅一生

1974 年	时装编辑俱乐部奖（日本）
1977 年	《每日新闻报》时尚大奖（日本）
1978 年	每日设计奖（日本）
1978 年	美国时装设计师协会国际奖（美国）
1980 年	普瑞特艺术学院创意设计纽约大奖（美国）
1984 年	美国时装设计师协会国际奖（美国）

表 C.3

（续表）

1984 年	尼曼百货奖（美国）
1984 年	《每日新闻报》时尚大奖（日本）
1985 年	巴黎时尚奥斯卡外国设计师的最佳时装系列奖（法国）
1986 年	日本纤研新闻社纺织品行业杂志大奖（日本）
1989 年	《每日新闻报》时尚大奖（日本）
1992 年	朝日赏（日本）
1993 年	《每日新闻报》时尚大奖（日本）
1993 年	国家骑士荣誉勋章（法国）
1994 年	东京创意大奖（日本）
1996 年	《每日新闻报》时尚大奖（日本）
1997 年	紫绶褒章（日本）
1998 年	文化事务部授予"文化名人"称号（日本）

森英惠

1960 年	时装编辑俱乐部奖（日本）
1967 年	新奥尔良白宫雷克斯奖（美国）
1970 年	新奥尔良白宫雷克斯奖（美国）
1973 年	尼曼百货奖（美国）
1976 年	新奥尔良白宫雷克斯奖（美国）
1978 年	巴黎市银质奖章（法国）
1978 年	明尼苏达博物馆人类象征奖（美国）
1978 年	意大利高级时尚国家公会大奖（意大利）
1984 年	艺术与人文十字架骑士勋章（法国）
1987 年	时尚集团星光之夜奖（美国）
1988 年	紫绶褒章（日本）
1988 年	日本时尚先锋朝日赏（日本）
1989 年	骑士荣誉勋章（法国）
1989 年	文化事务部授予"文化名人"称号（日本）
1996 年	文化勋章（日本）
1997 年	时装编辑俱乐部特别奖（日本）

来源：汇编于多个文档。

Bibliography

参考文献

Allérès, Danielle (1997), *Luxe: Stratégies/Marketing*, Paris: Economica.

—— (ed.) (1995), *Luxe: Un Management Spécifique*, Paris: Economica.

Altman, Pamela (1986), 'Kenzo's Back in Town', *Daily News Record*, May 2: 12.

Anargyros, S. Tasma (1991), 'Koji Tatsuno: du vêtement en mutation vers le futur', *Intramuros*, November/December: 30.

Aspers, Patrik (2001), *Markets in Fashion: A Phenomenological Approach*, Stockholm, Sweden: City University Press.

Ayre, Elizabeth (1989), 'On the Road with Wim and Yohji: Docufashion', *International Herald Tribune*, December 27: 11.

Barnard, Malcolm (1996), *Fashion as Communication*, London: Routledge.

Barthes, Roland (1964), *Elements of Semiology*, translated by A. Lavers and C. Smith, New York: Hill and Wang.

—— (1967), *The Fashion System*, translated by M. Ward and R. Howard, New York: Hill and Wang.

Bastide, Roger (1997), *Art et Société*, Paris: L'Harmattan.

Baudot, François (1997), *Memoire de la Mode: Yohji Yamamoto*, Paris: Editions Assouline.

—— (1999), *Fashion: The Twentieth Century*, New York: Universe.

Baudrillard, Jean (1976/1993), *Symbolic Exchange and Death*, translated by E. Hamilton Grant, London: Sage Publications.

—— (1981), *For a Critique of the Political Economy of the Sign*, translated by Charles Levin, St Louis, Missouri: Telos Press.

Becker, Howard S. (1982), *Art Worlds*, Berkeley: University of California Press.

Bell, Quentin (1947/1976), *On Human Finery*, London: Hogarth Press.

Benaïm, Laurence (1997), *Memoire de la Mode: Issey Miyake*, Paris: Editions Assouline.

Bertin, Célia (1956), *Haute Couture: terre inconnue*, Paris: Hachette.

Béziers, Louis-René (1993), 'La Couture à la Croisée des Chemins', *Profession Luxe*, No. 6, July: 43–47.

Bluche, François (1990), *Louis XIV*, translated by Mark Greengrass, Oxford, UK: Basil Blackwell.

Blumer, Herbert (1969), 'Fashion: From Class Differentiation to Collective Selection', in *The Sociological Quarterly*, 10, 3: 275–291.

Book des Créateurs (1997), Paris: Boutiques International.

Boucher, François (1967/1987), *20,000 years of Fashion*, New York: H.N. Abrams.

Boucher, Philip P. (1985), *The Shaping of the French Colonial Empire: a bio-bibliography of the careers of Richelieu, Fouquet, and Colbert*, New York: Garland.

Bourdieu, Pierre (1980), 'Haute Couture et Haute Culture', *Questions de Sociologies*, Paris: Les Editions de Minuit.

—— (1984), *Distinction: A Social Critique of the Judgment of Taste*, Trans. R. Nice, Cambridge: Harvard University Press.

—— and Delsaut, Yvette (1975), 'Le Couturier et Sa Griffe', *Actes de la recherche en sciences sociales 1*, January: 7–36.

Bouyala-Dumas, Dominique (1997), *la Mode*, Chroniques de l' AFAA.

Brabec, Dominique (1977), 'Hanae Mori', *L' Express*, January 10: 7

—— and Silber, Martine (1989), *La Mode*, Paris: La Manufacture.

Brantley, Ben (1983), 'Kawakubo talks', *Women' s Wear Daily*, March 1: 48.

Breward,Christopher (1995), *The Culture of Fashion*, Manchester: Manchester University Press.

Brubach, Holly (1989), 'Between Times', *New Yorker*, April 24: 13.

Burke, Peter (1992), *The Fabrication of Louis XIV*, New Haven, Connecticut: Yale University Press.

Buttolph, Angela (1999), 'Funky Couture', *Time*, Volume 154, No. 5,

August 2.

Bystryn, Marcia (1978) , 'Art Galleries as Gatekeepers: the case of the Abstract Expressionists' , *Social Research* 45: 2.

Chandès, Hervé (ed.) (1998) , *Issey Miyake Making Things*, Paris: Fondation Cartier pour l' Art Contemporain, October 13, 1998–February 28, 1999.

Charles-Roux, Edmonde (1991) , 'The Survival of Haute Couture' , *La Thêâtre de la Mode*, New York: Rizzoli International Publications, Inc.

Chelità (1992) , 'Koji Tatsuno: Couturier-Sculpteur' , *Glamour*, October: 40–42.

Clark, Terry N. (ed.) (1969) , *Gabriel Tarde: On Communication and Social Influence*, Chicago: The University of Chicago Press.

Clark, Priscilla Parkhurst (1978a) , 'The Beginnings of Mass Culture in France: Action and Reaction,' *Social Research*, 45: 277–291.

—— (1978b) , 'The Sociology of Literature: An Historical Introduction,' in R.A. Jones, ed., *Research in Sociology of Knowledge, Sciences and Art*, 1: 237–258.

—— (1979) , 'Literary Culture in France and the United States' , *The American Journal of Sociology*, 84, March: 1057–1077.

—— (1983) , *The Battle of the Bourgeois: The Novel in France, 1789–1848*, Paris: Librairie Marcel Didier.

—— (1987) , *Literary France: The Making of a Culture*, Berkeley: University of California Press.

Cocks, Jay (1986) , 'A Change of Clothes: Designer Issey Miyake shapes new forms into fashion for tomorrow' , *Time Magazine*, January 27: 46–52.

Coffin, Judith (1996) , *The Politics of Women' s Work: The Paris Garment Trades 1750– 1915*, Princeton, New Jersey: Princeton University Press.

Cole, Charles Woolsey (1964) , *Colbert and a Century of French Mercantalism*, Hamden, Connecticut: Archon Books.

Comité Colbert, Le (2002/2003) , *Les Espoirs de la Création*.

Copper, Anita (1993) , 'Irié le Succès Mérité' , *Marie Claire*, No. 28, Autumn/Winter: 9–10.

Corradi, Juan E. (2000) , 'How Many Did It Take to Tango? Voyages of Urban Culture in the Early 1990s' , in Vera Zolberg and Joni Maya Cherbo (eds.) , *Outsider Art: Contesting Boundaries in Contemporary Culture* , Cambridge, UK: Cambridge University Press.

Coser, Lewis (1982), *Books: the Culture and Commerce of Publishing*, New York: Basic Books.

Craik, Jennifer (1994), *The Face of Fashion*, London: Routledge.

Crane, Diana (1987), *The Transformation of the Avant-Garde: the New York Art world 1940–1985*, Chicago: University of Chicago Press.

—— (1992), 'High Culture versus Popular Culture Revisited', in Michèle Lamont and Marcel Fournier (eds.), *Cultivating Differences: symbolic boundaries and the making of inequality*, Chicago: University of Chicago Press, 58–73.

—— (1993), 'Fashion Design as an Occupation' in *Current Research on Occupations and Professions*, Volume 8: 55–73.

—— (1994), 'Introduction: The Challenge of the Sociology of Culture to Sociology as a Discipline', in Diana Crane (ed.), *The Sociology of Culture*, Oxford, UK: Blackwell.

—— (1997a), 'Globalization, organizational size, and innovation in the French luxury fashion industry: Production of culture theory revisited', *Poetics 24*: 393–414.

—— (1997b), 'Postmodernism and the Avant-Garde: Stylistic Change in Fashion Design', *MODERNISM/modernity* Volume 4: 123–140.

—— (2000), *Fashion and Its Social Agendas: Class, Gender, and Identity in Clothing*, Chicago: The University of Chicago Press.

Crowston, Clare Haru (2001), *Fabricating Women: The Seamstresses of Old Regime France*, 1675–1791, Durham, North Carolina: Duke University Press.

Dalby, Liza (1993), *Kimono: Fashioning Culture*, New York: Yale University Press.

Davis, Douglas (1983), 'Miyake' s Fashion Revolution', *Newsweek*, October 17: 84–85.

Davis, Fred (1985), 'Clothing and Fashion as Communication' in Michael R. Solomon (ed.), *The Psychology of Fashion*, Lexington: Lexington Books.

—— (1992), *Fashion, Culture, and Identity*, Chicago: The University of Chicago Press.

De Faucon, Monique (1982), 'Les Japonais de Paris', *Le Figaro*, February 25: 8.

De la Haye, Amy and Toben, Shelley (eds.) (1994), *Chanel: The Couturière at Work*, Woodstock, New York: Overlook Press.

De Marly, Diana (1980a) , *The History of Haute Couture: 1850–1950*, New York: Holmes and Meier Publishers.

—— (1980b) , *Worth: Father of Haute Couture*, New York: Holmes and Meier Publishers.

—— (1987) , *Louis XIV & Versailles*, New York: Holmes and Meier.

De Monza, Florence (1990) , 'Zucca: Le Nouveau Japonais de Paris' , *Elle*, No.2310, April 16.

—— (1994) , *Dépêche Mode*, No. 83, November 94.

Deeny, Godfrey (1994a) , 'Ralph Cries Foul in YSL Copycat Suit' , *Women's Wear Daily*, April 28: 1.

—— (1994b) , 'Lauren Fined by Paris Court, and So is Bergé' , *Women's Wear Daily*, May 19: 1.

—— (1995) , 'Nurturing The Next Wave' , *Women's Wear Daily*, August 21: 20.

Delbourg-Delphis, Marylène (1981) , *Le chic et le look*, Paris Hachette.

—— (1983) , *La mode pour la vie*, Paris: Editions Autrement.

Delpierre, Madeleine (1997) , *Dress in France in the Eighteenth Century*, translated by Caroline Beamish, New Haven, Connecticut: Yale University Press.

Deslandres, Yvonne and Müller, Florence (1986) , *Histoire de la mode au XXe siècle*, Paris: Somology.

DiMaggio, Paul (1992) , 'Cultural Entreneurship in 19th Century Boston' , in Michèle Lamont and Marcel Fournier (eds.) , *Cultivating Differences: Symbolic Boundaries and the Making of Inequality*, Chicago: The University of Chicago Press.

—— and Useem, Michael (1978) , 'Cultural democracy in a period of cultural expansion: the social composition of arts audiences in the United States' , *Social Problems* 26: 2.

Dorsey, Hebe (1976) , 'Kenzo' , *New York Times*, November 14: 8.

—— (1985) , 'France Puts Official Seal on Fashion' , *International Herald Tribune*, March 23: 10.

—— (1986) , *The Belle Epoque in the Paris Herald*, London: Thames and Hudson.

The Japanese Revolution in Paris Fashion

Duka, John (1983) , 'Yohji Yamamoto Defines His Fashion Philosophy' , *The New York Times*, October 23: 63.

Duncan, Hugh Dalziel (1969) , *Symbols and Social Theory*, New York: Oxford University Press.

Durkheim, Emile (1897/1951) , *Suicide*, translated by John Spaulding and George Simpson, New York: The Free Press.

—— (1912/1965) , *The Elementary Forms of Religious Life*. New York: Free Press.

Economist, The (2000) , 'Face Value: Bernard Arnault' , July 15.

Eicher, Joanne B. (1969) , *African Dress; a selected and annotated bibliography of Subsaharan countries*, African Studies Center: Michigan State University.

—— (1976) , *Nigerian Handcrafted Textiles*, Ile-Ife, Nigeria: University of Ife Press.

—— (ed.) (1995) , *Dress and Ethnicity: change across space and time*, Oxford: Berg.

—— and Barnes, Ruth (1992) , *Dress and Gender: making and meaning in cultural contexts*, New York: Berg.

—— and Sciama, Lidia (1998) , *Beads and Bead Makers: gender, material culture, and meaning*, Oxford: Berg.

—— and Roach, Mary Ellen (eds.) (1965) , *Dress, Adornment, and the Social Order*, New York: Wiley.

Elias, Norbert (1983) , *Court Society*, Oxford, UK: Basil Blackwell.

Entwistle, Joanne (2000) , *The Fashioned Body: Fashion, Dress and Modern Social Theory*, Cambridge, UK: Polity Press.

Falcand, Didier and Mongeau, Olivier (1995) 'La France accentue son leadership international' , *Strategies*, No. 941, November 3.

Ferguson, Priscilla Parkhurst (1997) , *Paris as Revolution: Writing the 19th-Century City*, Berkeley: University of California Press. 184.

Finkelstein, Joanne (1996) , *After a Fashion*, Carlton, Australia: Melbourne University Press.

Flugel, J. C. (1930) , *The Psychology of Clothes*, London: Hogarth.

Foley, Bridget (1998) , 'Yohji' , W, No.1. January: 33–35.

Forestier, Nadège (1991) , *Enterprises*, February 11.

Forum des Centre George Pompidu (1996) , *Design Japonais: 1950–1995*, February 29–April 1, 1996.

François, Lucien (1961) , *Comment un nom devient un griffe*, Paris: Gallimand.

Fukai, Akiko (1994) , *Japonizumu in Fasshon*, Tokyo:Heinbonsha.

Fukuhara, Yoshiharu (1997) , *Tsukurukoto, Kowasukoto*, Interview with Yohji Yamamoto, Tokyo: Kyuryudou.

GAP (1978) , 'Interview with Rei Kawakubo' , January: 32.

Garber, Marjorie (1992) , *Vested Interests: Cross-dressing and Cultural Anxiety*, New York: Harper Perennial.

Garfinkel, Stanley (1991) , 'The Théâtre de la Mode: Birth and Rebirth' , *La Théâtre de la Mode*, New York: Rizzoli International Publications, Inc.

Garland, Madge (1962) , *Fashion: A picture guide to its creators and creation*, Baltimore, Md: Penguin Books.

Gasc, Nadine (1991) , 'Haute Couture and Fashion 1939–1946' , *La Théâtre de la Mode*, New York: Rizzoli International Publications, Inc.

German, Anne (1986) , 'Le Japon à Paris' , *Marie France*, May: 236–305.

Goblot, Edmond (1925/1967) , *La Barrière et le Niveau*, Paris: Librairie Félix Alcan.

Godard de Donville, Louise (1978) , *Signification de la Mode sous Louis XIII*, Aixen- Provence, France: Edisud.

Goffman, Irving (1959) , *The Presentation of Self in Everyday Life*, New York: Anchor Books.

Gottfried, Carolyn (1982) , 'Rising Native Son' , *Women' s Wear Daily*, April 15: 5.

Goubert, Jean-Pierre (1988) , *Du Luxe au Comfort*, Paris: Belin.

Goubert, Pierre (1970) , *Louis XIV and Twenty million Frenchmen*, translated by Anne Caster, New York: Pantheon Books.

Green, Nancy (1997) , *Reay-to-Wear and Ready-to-Work: A century of Industry and Immigrants in Paris and New York*, Durham: Duke University Press.

Greenberg, Clement (1984) , 'Complaints of an Art Critic' , in C. Harrison and F. Orton (eds.) , *Modernism, Criticism, Realism: Alternative Contexts for Art*, New York: Harper and Row.

Griffin, Susan (2001) *The Book of the Courtesans: A Catalogue of Their Virtues*,

New York: Broadway Books.

Griswold, Wendy (2000), *Bearing Witness: Readers, Writers, and the Novel in Nigeria*, Princeton: Princeton University Press.

Grumbach, Didier (1993), *Histoires de la mode*, Paris: Editions du Seuil.

Hall, Richard H. (1999), *Organizations: Structures, Processes, and Outcomes*, New Jersey: Prentice Hall.

Hamou, Nathalie (1998a), 'Paris mise sur les jeunes talents pour demeurer la capitale de la mode', *La Tribune*, January 16: 9. 185.

—— (1998b), 'Le Comité Colbert reste "zen" face au séisme japonais', *La Tribune*, June 16: 11.

Hanae Mori: 1960–1989 (1989), Tokyo: Asahi Shimbunsha.

Hanae Mori Style (2001), Tokyo: Kodansha International.

Hénin, Janine (1990), *Paris Haute Couture*, Paris: Editions Philippe Olivier.

Hesse, Claudine (1984), 'Irié crée des m élanges étonnants', *Le Figaro*, September 20: 10.

—— (1990), 'Encore les Japonais!', *Le Figaro*, April 19: 12.

—— (1994), 'Hanae Mori', *Le Figaro*: 8.

Hioki, Chiyumi (1994), 'Kawakubo Rei to Matsushita Hiroshi ga tsukutta Komu de no 21 nen', *So-En Eye*, No. 15, June: 18–25.

Hirakawa, Takeji (1990), 'Commes des Garçons', *GAP Magazine*: 21–45.

Hirano, Koji (2002), 'Marc Jacobs Unveils First All-Line Store', *Women's Wear Daily*, April 5: 3.

Holborn, Mark (1995), *Issey Miyake*, Köln, Germany: Taschen.

Hollander, Anne (1993), *Seeing Through Clothes*, Berkeley: University of California Press.

—— (1994), *Sex and Suits*, New York: Alfred A. Kopf.

Hunt, Alan (1996), *Governance of the Consuming Passions: A History of Sumptuary Law*, New York: St. Martin's Press.

Hunt, Lynn (1984), *Politics, Culture, and Class in the French Revolution*, Berkeley: University of California Press.

Isho Bunka Ten Mori Hanae To Paris Haute Couture Exhibition Catalogue, Kobe City Museum, October 21, 1992–December 6, 1992.

Issey Miyake and Miyake Design Studio 1970–1985 (1985) , Tokyo: Obunsha

Issey Tachi: 1970–1985 (1985) . Tokyo:Obunsha.

Iwakiri, Tooru (2000) , 'Kenzo' , *Weekly AERA*, November 20: 68–74.

Jones, Terry (1992) , *I-D The Glamour Issue*, May: 72–3.

Journal du Textile (1993) , 'Le Dé d' Or en Question' , No.1340, September 1: 47.

Jouve, Marie-Andrée (1997) , *Universe of Fashion: Issey Miyake*, New York: Universe Publishing.

JTN Monthly (1998) , 'Global Strategies of Japan' s Apparel Makers' , February: 53–5.

Kawabata, Saneichi (1984) , *Kimono Bunkashi*, Tokyo: Kashima Shuppan.

Kawamura, Yuniya (2001) , *The Legitimation of Fashion: Japanese Designers in the French Fashion System*, Columbia University, unpublished Ph.D. thesis.

Kealy, Edward (1979) , 'From craft to art: the case of sound mixers and popular music' . *Sociology of Work and Occupations*, 6, 1.

Kennedy, Alan (1990) , *Japanese Costume: History and Tradition*, New York: Rizzoli.

Kenzo (1985) , Tokyo: Bunka Publishing.

Kerwin, Jessica (1996) , 'Yamamoto Bites into the Big Apple' , *Women' s Wear Daily*, March 26: 8.

Kidd, J.D. (1983) , 'Comme des Garçons: The Woman Behind the Boys' , *Daily New Record*, May 9: 6–7.

Koda, Harold and Ricard Martin (1987) , *Three Women: Madeleine Vioneet, Claire McCardell, and Rei Kawakubo*, Exhibition at the Fashion Institute of Technology.

Koenig, Rene (1974) , *A la mode: On the Social Psychology of Fashion*, New York: Seabury Press.

Kondo, Dorienne (1992) , 'The Aesthetics and Politics of Japanese Identity in the Fashion Industry,' in Joseph Tobin (ed.) , *Re-Made in Japan, Everyday Life and Consumer Taste in a Changing Society*, New Haven & London: Yale University Press.

Koren, Leonard (1984) , *New Fashion Japan*, Tokyo: Kodansha International.

Kroeber, A.L. (1919) , *On the Principle of Order in Civilization as Exemplified by*

Changes in Fashion, New York: Hill and Wang.

Kusunoki, Shizuyo, ed. (1980) , *The Tokyo Collection*, Tokyo: Graphic-Sha.

Lang, Kurt and Lang, Gladys (1961) , *Fashion: Identification and Differentiation in the Mass Society in Collective Dynamics*, New York: Thomas Y. Crowell Co.

Langner, Lawrence (1959) , *The Importance of Wearing Clothes*, New York: Hastings House.

Laver, James (1937) , *English Costume from the Fourteenth through the Nineteenth Century*, New York: Macmillan Company.

—— (1969/1995) , *Concise History of Costume and Fashion*, New York: H.N. Abrams.

Le Bourhis, Katell (1991) , 'American on Its Own: The Fashion Context of the Theatre de la Mode in New York' , *La Théâtre de la Mode*, New York: Rizzoli International Publications, Inc.

Lefort, Gérard (1986) , 'Yamamoto et Gaultier, un dialogue tire a quatre épingles' *Libération*, February 7: 18–19.

Lejeune-Piat, Marie (1997) , 'Alain Teitelbaum: "La puissance de la France est bien assise" ' , *CB News*, No.505, December 15–21: 18.

Leopold, Ellen (1992) , 'The Manufacture of the Fashion System' , in Juliet Ash and Elizabeth Wilson (eds.) , *Chic Thrills: A Fashion Reader*, Berkeley: University of California Press.

Leroy, Jean-Paul (1990) , 'World a investi 86 millions chez Chantal Thomas' , *Journal du Textile*, no.1218, October 15: 32.

Liberté: Kenzo (1989) , Tokyo: Business Index.

Libération (1990) , 'Luxe français sur les lauriers' , June 8: 7.

—— (1992) , 'Haute couture, nouvelle mode' , October 21:14.

Lipovetsky, Gilles (1994) , *The Empire of Fashion*, translated by Catherine Porter, Princeton: Princeton University Press.

Lockwood, Lisa (1995) , 'ICB: High Expectations in Japan' , *Women's Wear Daily*, August 16: 8–9.

Lohse, Marianne (1987) , *Madame Figaro*, April 17.

Lombard, Michel (1989) , *Produits de luxe*, Paris: Economica.

Lottman, Herbert (1991) , 'As the War Ended' , *La Théâtre de la mode*,

New York: Rizzoli International Publications, Inc.

Lurie, Alison (1981) , *The Language of Clothes*, London: Bloomsbury.

Marc, Frédéric (1992) , 'Lumières sur Yohji Yamamoto' , *Dépéche Mode*, December: 72–76.

Marshall, John (1988) , *Japanese Clothes*, Tokyo: Kodansha International, Ltd.

Martin, Richard and Harold Koda (1994) , *Orientalism: Visions of the East in Western Dress*, New York: Metropolitan Museum of Art.

—— (1996) , *Haute Couture*, Exhibition The Metropolitan Museum of Art, December 7, 1995–March 24, 1996, New York: Harry N. Abrams.

McCracken, Grant (1987) , 'Clothing as Language: An object lesson in the study of the expressive properties of material culture,' in Barrie Reynolds and Margaret A. Scott (eds.) , *Material Anthropology: Contemporary Approaches to Material Culture*, Lanham, Maryland: University Press of America, Inc.

McDowell, Colin (1997) , *Forties Fashion and the New Look*, London: Bloomsbury.

McEvoy, Marin (1997) , 'Kenzo' , *Women' s Wear Daily*. September 13: 24.

Mead, Rebecca (1998) , 'Haute Anxiety' , *The New Yorker*, September 21.

Mendes, Valerie and de la Haye, Amy (1999) , *20th Century Fashion*, London: Thames & Hudson.

Menger, Pierre-Michel (1993) , 'L' hégémonie parisienne: Eoconomie et politique de la gravitation artistique' *Annales ESC*, November-December, No. 6: 1565–1600.

Menkes, Suzy (1989) 'Japanese Take off in Very Different Fashion Directions' , *International Herald Tribune*, October 20: 10.

—— (1993) , *International Herald Tribune*, March 21.

—— (1996a) , 'High Stakes for Galliano•|and Couture' , *International Herald Tribune*, January 20–21: 8.

—— (1996b) , 'When the West Reflects the East' , *International Herald Tribune*, April 23: 10.

—— (1996c) , 'Josephine, the Luxury Mascot' , *International Herald Tribune*, April 23: 10.

—— (1996d) , 'Couture: Some Like it Haute, but Others are Going Demi' , *International Herald Tribune*, November 26: 11.

The Japanese Revolution in Paris Fashion

—— (1998a), 'Ode to the Abstract: When Designer Met Dance', *International Herald Tribune*, January 8: 11.

—— (1998b), 'Another Goal for the French as Gaultier's Couture Scores', *International Herald Tribune*, July 20: 2.

—— (2000a), 'Now is the Time to Join the Couture Party', *International Herald Tribune*, July 11: 8.

—— (2000b), 'Yamamoto: Fashion's Poet of Black', *International Herald Tribune*, September 5: 11.

—— (2001), 'Hanae Mori: The Iron Butterfly', *Hanae Mori Style*, pp.12–13, Tokyo: Kodansha International.

Milbank, Caroline Rennolds (1985), *Couture: Les grands Créateurs*, Paris: Robert Laffont.

Miyake, Issey (1978), *East Meets West*, Tokyo: Heibonsha.

—— (1983), *Bodyworks*, Tokyo: Shogakkan Publishing Co.

—— (1984), speech delivered at Japan Today Conference in San Francisco, September.

Modem (1998), Collections Femme Printemps-Eté 1999: 1–5.

—— (1999), Collections Femme Automne-Hiver 1999–2000: 1–5.

Modes et Publicité 1885–1986: *Le Regard de Marie Claire* (1986), Paris: Editions Hermé et Marie Claire Album.

Mongredien, Georges (1963), *Colbert 1619–1683*, Paris: Hachette.

Monnier, Gérard (1995), *L' art et ses institutions en France: De la Révolution a nos jours*, Paris: Editions Galliard.

Montesquieu (1973), *Persian Letters*, translated by C.J. Betts, London: Penguin Books.

Mori Hanae To Paris Haute Couture (1992), Isho Bunka Ten Exhibition Catalogue.

Mori, Hanae (1993/2000), *Fasshon: Chou wa Kokkyo wo koeru*, Tokyo: Iwanami Shinsho.

Mori, Kei (1998), *Henna Nihonjin*, Tokyo: Yomiuri Shimbun.

Morris, Bernadine (1972), 'Designer does what he likes', *The New York Times*, July 12: 23.

—— (1983), 'Japan Goes Own Way in Paris', *The New York Times*, October

15: 10.

Mory, Frédérique (1988) *Madame Figaro*, Sept. 17.

Mukerji, Chandra (1997) , *Territorial Ambitions and the Gardens of Versailles*, Cambridge: Chambridge Univresity Press.

Moulin, Raymonde (1987) , *The French Art Market: A Sociological View*, New Brunswick, New Jersey: Rutgers UP.

—— (1988) , *A Handbook for Plastic Artists*, London: HSMO.

Negus, Keith (1997) , 'The Production of Culture' , in Paul du Gay (ed.) , *Production of Culture/Cultures of Production*, London: Sage Publications.

O' Brien, Glenn (1993) , 'Miyake' s Message' , *Mirabella*, March: 22–23.

Ollivry, Maryvonne (1996) , Kenzo: le plus parisien des japonais' , *Madame Figaro*, No.16245, November 8: 62.

Otsuka, Yoko (1995) , *So-En Eye*, No.19, Tokyo: Bunka.

Paillié, Elisabeth (1990) , 'Zucca: le laponais nouveau est arrivé' , *Dépéche Mode*, 35, February.

—— (1997) , *Vogue Homme International Mode*, summer/spring: 91–92.

Palmer, Alexandra (2001) , *Couture and Commerce: The Transatlantic Fashion Trade in the 1950s*, Toronto: UBC Press.

Pasquet, Philippe (1990) , 'La France veut défendre ses griffes' , *Journal du Textile*, No. 1198, April 16: 2–3.

Péretz, Henri (1992) , 'Le vendeur, la vendeuse et leur cliente: Ethnographie du prêt- à-porter de luxe' , *Revue français de sociologie*, 33, 1, Jan-March: 49–72.

Perrot, Philippe (1994) , *Fashioning the Bourgeoisie: A History of Clothing in the Nineteenth Century*, translated by Richard Bienvenu, Princeton: Princeton University Press.

Peterson, Richard A. (ed.) (1976) , *The Production of Culture*, Beverly Hills: Sage Publications.

—— (1978) , 'The Production of cultural change: the case of contemporary country music' , *Social Research* 45: 2.

—— (1994) , 'Culture Studies Through the Production Perspective: Progress and Prospects' in Diana Crane (ed.) , *The Sociology of Culture*, Oxford, UK: Blackwell.

—— (1997) , *Creating Country Music: fabricating authenticity*, Chicago: University of Chicago Press.

—— and Berger, David G. (1975) , 'Cycles in symbol production: the case of popular music' , *American Sociological Review*: 40.

Petronio, Ezra (1998) , 'Junya Watanabe' , *Self Service*, No.9, Autumn: 7.

Peyret, Emmanuèle and Boulay, Anne (1995) , 'Pyjamas rayés de triste memoire' , *Libération*, February 8.

Picken, Mary Brooks and Miller, Dora Loues (1956) , *Dressmakers of France*, New York: Harper & Brothers Publishers.

Piedalu, Christine (1997) , 'Luxe: des formations auz petits points' , *Le Figaro*, February 17: 19.

Piganeau, Joëlle (1986) , 'Le Japon travaille a devenir un centre mondial de mode' , *Journal du Textile*, October 24: 3.

—— (1990) , 'Les Japonais ont compris que la crèation est un enjeu essentiel' , *Journal du Textile*, No. 1188, January 29: 4.

—— (1997a) , 'Le "néo-couture" accroît ses effectifs' , *Journal du Textile*, No.1500, June 9: 43.

—— (1997b) , *Journal du Textile*, No. 1510, September 29: 12.

—— and Sepulchre, Cécile (1991) , 'Les Japonais ont compris que la création et un enjeu essentiel' , *Journal du Textile*, January 29: 4.

Polhemus, Ted (1994) , *Street Style*, London: Thames and Hudson.

—— (1996) , *Style Surfing*, London: Thames and Hudson.

—— and Proctor, Lynn (1978) , *Fashion and Antifashion: an anthropology of clothing and adornment*, London: Thames and Hudson.

Powell, Walter (1972) , *The New Institutionalism in Organizational Analysis*, Chicago: University of Chicago Press.

—— (1978) , 'Publishers' decision-making: what criteria do they use in deciding which books to publish?' , *Social Research* 34, 2.

Pujol, Pascale (1993) , *Journal du Textile*, No. 1336, 28 June.

Quinn, Joan (1984) , 'Kenzo' , *Interview*, December: 12.

Ramey, Joanna (2003) , 'China Import Flood Continues' , *Women' s Wear Daily*, September 12: 2.

Remaury, Bruno (ed.) (1996) , *Dictionnaire de La Mode Au XXe Siècle*, Paris:

Editions du Regard.

—— (1997) , *Repères Mode and Textile: Visages d' un secteur*, Paris: Institut francais de la mode.

—— and Bailleux, Nathalie (1995) , *Mode et Vêtements*, Paris: Gallimard.

Ribeiro, Aileen (1988) , *Fashion in the French Revolution*, New York: Holmes and Meier.

—— (1995) , *The Art of Dress: Fashion in England and France 1750 to 1820*, New Haven, Connecticut: Yale University Press.

Righini, Mariella (1982) , 'Fripe Nippone' , *Nouvel Observateur*, no.945, December: 18–24.

Roche, Daniel (1994) , *The Culture of Clothing: dress and fashion in the ancien regime*, translated by Jean Birrell, Cambridge: Cambridge University Press.

Rose, Tobi (1993) , 'Frocks on the Block' , *Fashion Weekly*, July 29: 8.

Rossi, Ino (1983) , *From the Sociology of Symbols to the Sociology of Signs*, New York: Columbia University Press.

Rossi, W. A. (1976) *The Sex Life of the Foot and Shoe*, New York: Saturday Review Press.

Rouse, Elizabeth (1989) , *Understanding Fashion*, London: BSP Professional Books.

Rudofsky, Bernard (1965) , *The Kimono Mind*, Tokyo: Kodansha.

Ruppert, Jacques (1996) , *Le Costume Français*, Paris: Flammarion.

Ryukou Tsushin (1988) , 'Takeda Chikako: Comme des Garçons attachée de presse' , July: 38–41.

Sainderichinn, Ginnette (1981) , *Kenzo*, Paris: Editions Du May.

—— (1995) , *La mode épinglée*, Paris: Editions Assouline.

—— (1998) , *Fashion Memoire: Kenzo*, London: Thames and Hudson.

Samet, Janie (1989a) , 'Kenzo; déjà 50 ans!' , *Le Figaro*, May 25: 20.

—— (1989b) , 'Comme des Garçons ou comme des folles?' , *Le Figaro*, October 20: 25.

—— (1993a) , 'La mode a le spleen' , *Le Figaro*, March 15:23.

—— (1993b) , *Le Figaro*, March 16: 8.

—— (1996) , 'Le monde entire défile chez nous' , *Le Figaro*, March 20: 12.

Sapir, Edward (1931) , 'Fashion' , *Encyclopedia of the Social Sciences*, Volume 6, New York: Macmillan.

Sargentson, Carolyn (1996) , *Merchants and Luxury Markets: The Marchands Merciers of Eighteenth-Century Paris*, London: Victoria and Albert Museum.

Sato, Kzuko (1998) , 'Clothes Beyond the Reach of Time' , *Issey Miyake: Making Things Exhibition Catalogue*, October 13, 1998–February 28, 1999, pp.18–72.

Sato, Yasuko (1992) , *Nihon Fukusohi*, Tokyo: Kenpakusha.

Saunders, Edith (1955) , *The Age of Worth: Couturier to the Empress Eugenie*, Bloomington: Indiana University Press.

Saussure, Ferdinand de (1972) , *Course in General Linguistics*, London: Fontana/ Collins.

Séguret, Olivier (1988) , 'Les Japonais' , *Madame Air France*, No.5: 140–1.

—— (1990) , *Haute Couture: Trademen' s Entrance*, Paris: Editions Assouline.

Semprini, Andrea (1992) , *Le Marketing de la Marque: Approche sémiotique*, Paris: Editions Liaisons.

Sepulchre, Cécile (1989) , 'La troisième vague Japonaise aborde le marché français' , *Journal du Textile*, No.1184, December 18–25.

—— (1995) , 'Hyeres a dix ans' , *Journal du Textile*, No.1413, May 2: 47.

Simmel, Georg (1904/1957) , 'Fashion' , in *The American Journal of Sociology*, Vol. LXII, No. 6, May, 1957: 541–558.

Skov, Lise (1996) , 'Fashion Trends, Japonisme and Postmodernism' , *Theory, Culture and Society*, 13, 3, August: pp.129–51.

—— (2003) , 'A Japanese Globalization Experience and a Hong Kong Dilemma' in Sandra Niessen, Anne Marie Leshkowich and Carla Jones (eds.) , *Re-Orienting Fashion*, Oxford: Berg Publishers.

So-En (1995) , 'So-en Sho no Sotsugyou Sei Tachi' , April: 14–20.

Sombart, Werner (1967) , *Luxury and Capitalism*, translated by W.R. Ditmar, Ann Arbor, Michigan: The University of Michigan Press.

Soral, Alain (1987) , *La création de mode: Comment comprendre, maîtriser et créer la mode*, Paris: Stylists Information Services.

Spencer, Herbert (1896/1966) , *The Principles of Sociology*, Volume II, New York: D. Appleton and Co.

Spindler, Amy (1996) , 'Zut! British Infiltrate French Fashion' , *New York Tomes*, October 15: A1.

Steele, Valerie (1985) , *Fashion and Eroticism*, New York: Oxford University Press.

—— (1988) , *Paris Fashion: A Cultural History*, New York: Oxford University Press.

—— (1991) , *Women of Fashion: Twentieth-Century Designers*, New York: Rizzoli International Publications.

—— (1992) , 'Chanel in Context' , *Chic Thrills: A Fashion Reader*, ed. Juliet Ash and Elizabeth Wilson, Berkeley: University of California Press.

—— (1997) , *Fifty Years of Fashion: New Look to Now*, New Haven, Connecticut: Yale University Press.

—— and John S. Major (1999) , *China Chic: East Meets West*, New Haven, Connecticut: Yale University Press.

Storm, Penny (1987) , *Functions of Dress: Tool of Culture and the Individual*, Englewood Cliffs, NJ: Prentice-Hall Inc.

Sudjic, Deyan (1990) , *Rei Kawakubo and Comme des Garcons*, New York: Rizzoli.

Sumner, William Graham (1906/1940) , *Folkways: A Study of the Sociological Importance of Usages, Manners, Customs, Mores and Morals*, Boston: Ginn and Company.

—— and Albert Gallway Keller (1927) , *The Science of Society*, Vol. III, New Haven: Yale University Press.

Sykes, Plum (1994) , 'Irié' , *Vogue Great Britain*, July: 107.

—— (1998) , 'Doing the Bump' , *Vogue*, March: 188–9.

Syndicat Confédération Général du Travail/CGT (1998) , Press Release, July.

Szántó, András (1996) , *Gallery Transformation in the New York Art World in the 1980s*, Columbia University, unpublished Ph.D. thesis.

—— (1997) , 'Playing with fire: institutionalizing the artist at Kostabi World' , in Vera Zolberg and Joni Maya Cherbo (eds.) , *Outsider Art*, Cambridge: Cambridge University Press.

Tajima, Yuriko (ed.) (1996) , *Nijyu-seiki no Nihon no Fasshon*, Tokyo: Genryusha.

Takada Kenzo Sakuhinshu (1985) , Tokyo: Bunka Shuppan.

Takeda, Saori (2000) , 'Tou-Kore no Butai Ura' , *Aera Weekly*, pp.12–25.

Tarde, Gabriel (1903) , *The Laws of Imitation*, translated by Elsie C. Parsons, New York: Henry Holt.

Tatsumura, Ken (1974) , *Nihon No Kimono*, Tokyo: Chuko Shinsho.

Taylor, Lou (1992) , 'Paris Couture: 1940–1944' , in Juliet Ash and Elizabeth Wilson (eds.) , *Chic Thrills: A Fashion Reader*, Berkeley: University of California Press.

The Fashion Guide: International Designer Directory (1998) , London: The Fashion Guide Limited.

Thomas, Chantal (1999) , *The Wicked Queen: the origins of the myth of Marie-Antoinette*, New York: Zone Books.

Thornton, Nicole (1979) , 'Introduction' , *Poiret*, London: Academy Editions.

Tobin, Shelley (1994) , 'The Foundations of the Chanel Empire' , Amy de la Haye and Shelley Toben (eds.) , in *Chanel: The Couturière at Work*, Woodstock, New York: Overlook Press.

Tönnies, Ferdinand (1887/1963) , *Community and Society*, New York: Harper and Row.

—— (1909/1961) , *Custom: An Essay on Social Codes*, translated by A. F. Borenstein, New York: The Free Press.

Train, Susan and Braun-Munk, Eugène Clarence (eds.) , (1991) , *La Théâtre de la mode*, New York: Rizzoli International Publications, Inc.

Tseelon, Efrat (1994) , 'Fashion and Signification in Baudrillard' in *Baudrillard: A Critical Reader* , Oxford, UK: Basil Blackwell Ltd.

—— (1995) ,*The Masque of Femininity*, London: Sage Publications.

Tsurumoto, Shozo (ed.) (1983) , *Issey Miyake Bodyworks*, Tokyo: Shogakkan.

Vanier, Henriette (1960) , *La mode et ses métiers: frivolités et luttes des classes 1830– 1870*, Paris: Armand Colin.

Vaudoyer, Mary (1990) , *Le livre de la haute couture*, Paris: V & O Editions.

Vaysse, Francoise (1993) , 'La Contrefaçon représenterait 500 milliards de francs de chiffre d' affaires par an' , *Le Monde*, November 5: 18.

Veblen, Thorstein (1899/1957) , *The Theory of Leisure Class*, London: Allen and Unwin.

Veillon, Dominique (1990) , *La mode sous l' Occupation*, Paris: Editions Payot.

Vidal, Francoise and Rioufol, Marc (1996) , 'Kenzo aime les gaies, les vivantes, les naturelles et les décontractées, *CB News*, No.426, March 4–10: 60.

Vincent-Ricard, Françoise (1983) , *Raison et Passion: Langage de Société*, Paris: Textile/ Art/Langage.

Von Boehn, Max (1932) , *Modes and Manners*, Volume One, New York: Benjamin Blom.

Waquet, Dominique and Laporte, Marion (1999) , *La Mode*, Paris: Presses Universitaires de France.

Webb, Martin (2003) , 'Nakano Seeks French Connection' , *Japan Today*, April 11: 12.

Weber, Max (1947) , *The Theory of Social and Economic Organization*, New York: Oxford University Press.

Weisman, Katherine (1998) , 'Chambre' s New Face' , *Women' s Wear Daily*, October 14: 24.

White, Harrison (1993) , *Careers and Creativity: Social Forces in the Arts*, Boulder, Colorado: Westview Press.

—— and Cynthia White (1965/1993) , *Canvases and Careers: Institutional Change in the French Painting World*,. New York: John Wiley.

Wichmann, Siegfried (1981) , *Japonisme: The Japanese Influence on Western Art since, 1858*, London: Thames & Hudson.

Williams, Raymond (1981) , *Culture*, Glasgow, UK: Fontana paperbacks.

Wilson, Elizabeth (1985) , *Adorned in Dreams: Fashion and Modernity*, Berkeley: University of California Press.

—— (1994) , 'Fashion and Postmodernism' , in John Storey (ed.) , *Cultural Theory &Popular Culture*, New York: Harvester Wheatsheaf.

Withers, Janet (1987) , 'Rei Kawakubo' , *The Face*, March: 52–3.

Wolff, Janet (1983) , *Aesthetics and the Sociology of Art*, London: Allen & Unwin.

—— (1993) ,*The Social Production of Art*, NY: New York University Press.

Women' s Wear Daily (1998a) , 'Paris: Tough and Tender' , March 12: 4–5.

—— (1998b)，'The Foreign Legion'，October 19: 6–7.

—— (2002a)，'Japan Clan'，July 23: 15.

—— (2002b)，'Second to None'，July 25: 26.

Wood, Dana (1996)，'Miyake' s Lust for Life'，*Women' s Wear Daily*, December 18: 32.

Worth, Gaston (1895)，*La Couture et la confection des vêtements de femme*, Boston: Little, Brown and Company.

Worth, Jean-Philippe (1928)，*A Century of Fashion*, Translated by Ruth Scott Miller, Boston: Little, Brown and Company.

Young, Agatha Brooks (1939/1966)，*Recurring Cycles of Fashion: 1760–1937*, New York: Cooper Square Publishers.

Zanelly, Cllaudine (1992)，'Irié'，*Elle*, No.2442, October: 38.

Zeldin, Theodore (1977)，*France 1848–1945*, Vol. Two, Oxford, UK: Oxford University Press.

Zolberg, Vera (1990)，*Constructing a Sociology of the Arts*, Cambridge, UK: Cambridge University Press.

—— (2000)，' African Legacies, American Realities: Art and Artists on the Edge'，in Vera Zolberg and Joni Maya Cherbo (eds.)，*Outsider Art: Contesting Boundaries in Contemporary Culture*, Cambridge: Cambridge University Press.

—— and Joni Maya Cherbo (eds.) (2000)，*Outsider Art: Contesting Boundaries in Contemporary Culture*, Cambridge: Cambridge University Press.

图书在版编目（CIP）数据

巴黎时尚界的日本浪潮 / (日) 川村由仁夜著；施霁
涵译 . —— 重庆：重庆大学出版社 , 2018.9（2020,1 重印）
（时尚文化丛书）
书名原文：The Japanese Revolution in Paris Fashion
ISBN 978-7-5689-1260-0

Ⅰ.①巴… Ⅱ.①川… ②施… Ⅲ.①时装—服饰
文化—巴黎 Ⅳ.① TS941.7

中国版本图书馆 CIP 数据核字 (2018) 第 166547 号

巴黎时尚界的日本浪潮

Bali Shishangjie de Riben Langchao

［日］川村由仁夜 著

施霁涵 译

策划编辑 张 维 装帧设计 崔晓晋
责任编辑 李桂英 责任印制 张 策
责任校对 邬小梅

重庆大学出版社出版发行
出版人：饶帮华
社址：（401331）重庆市沙坪坝区大学城西路 21 号
网址：http://www.cqup.com.cn
印刷：天津图文方嘉印刷有限公司

开本：880mm×1230mm 1/32 印张：9.75 字数：223 千
2018 年 9 月第 1 版 2020 年 1 月第 2 次印刷
ISBN 978-7-5689-1260-0 定价：79.00 元

版贸核渝字（2016）第 296 号